INVENTAIRE
V 45033

AF591938

V

DISTILLATION DES SCHISTES

DEUXIÈME PARTIE

(PLANCHES 1 ET 2)

PREMIÈRE DISTILLATION

Depuis que la première partie de ce travail a été publiée dans l'Annuaire de 1864, il nous a été donné de voir de près la fabrication des huiles de schistes dans son principal centre de production, c'est-à-dire, dans le bassin d'Autun.

C'est de là que sortent presque toutes les huiles qui se fabriquent en France ; on trouve bien des schistes bitumineux dans d'autres localités, mais les huiles qu'on en retire sont, pour la plupart, de mauvaise qualité ; on a dû renoncer à l'exploitation de produits que les consommateurs repoussaient.

Les différentes usines montées dans l'Autunois emploient, presque toutes, des cornues fixes à feu nu, chauffées de différentes manières, mais quel qu'en soit le mode de chauffage, on ne retire pas des schistes toute l'huile qu'ils contiennent.

On distingue parfaitement la situation de chaque usine par la colonne de vapeur jaunâtre qui se dégage des matières défournées. Cette vapeur n'est pas autre chose que de l'huile qui s'échappe des schistes imparfaitement distillés.

On est effrayé de la perte qui résulte de cette manière d'opérer, car souvent ces colonnes de vapeur sont d'une hauteur et d'une longueur telles que nous n'osons pas en indiquer ici les dimensions, par crainte d'être taxé d'exagération.

La quantité d'huile contenue dans les schistes exploitables varie de 4 à 12 0/0, les premiers ne peuvent pas se distiller à feu nu, leur pauvreté ne le permet pas, ceux qu'on distille rendent en moyenne de 4 1/2 à 5 1/2 0/0 au maximum, on cite comme extraordinaires les rendements qui montent à 6 1/2 0/0, mais ils sont rares.

Tout schiste qui, par les procédés ordinaires, donne de 4 1/2 à 5 1/2 0/0 d'huile, en contient de 7 1/2 à 8 1/2 0/0 au moins, dont on jette bénévolement dans l'atmosphère les 3 0/0 qu'il contient en plus.

Malgré cette énorme perte, les fabricants s'obstinent à conserver les systèmes vicieux qu'ils ont montés dans leurs usines ; ils repoussent, avec l'entêtement de l'ignorance, toute modification tendant à la faire disparaître, sous prétexte que la dépense à faire pour l'éviter est trop forte, ils ne paraissent pas comprendre que l'huile ainsi jetée au vent, peut suffire à payer largement, en peu de temps, la somme qu'ils auraient dépensée en plus pour la recueillir.

Un simple calcul suffira pour le démontrer.

Prenons une usine fabricant 2000 litres d'huile brute par 24 heures et opérant sur des schistes rendant 5 0/0. Il sera distillé 40 mètres cubes de schiste. Si, au lieu d'en retirer 2000 litres, elle en retire 3200, elle aura 1200 litres en plus qui, à 25 fr. les 100 litres font 300 fr. par jour.

Quelle dépense faudrait-il faire pour ne pas perdre ces 300 fr., il faudrait 40,000 fr. environ pour changer le vieux matériel, et une dépense de main-d'œuvre de 10 hommes qui, à 3 fr. par jour, font 30 fr. ; il resterait donc 270 fr. de bénéfice net, ce qui ferait par an 87,200 fr. sans compter celui fait sur les 2000 litres.

Le capital à dépenser serait donc largement payé en une seule année.

Telle est la perte nette que les usines s'imposent par leur obstination à repousser les bons appareils de distillation, et elles trouvent extraordinaire qu'à la fin de l'année les inventaires se soldent par des bénéfices insignifiants (quand il n'y a pas de pertes) ; elles s'estiment heureuses d'avoir traversé la campagne sans y laisser le plus clair de leur capital.

Il en résulte encore une chose plus grave, c'est que les prix de l'huile de schiste sont tellement élevés, que le pétrole vient se montrer et même se vendre sur la place d'Autun ; qu'on y prenne garde ; cette industrie est fortement attaquée par le pétrole, il est à craindre qu'elle ne soit anéantie par ce dernier dont l'abondance ne se ralentit pas et dont les procédés de fabrication se perfectionnent chaque jour, tandis que les schistes restent stationnaires, si même ils ne reculent pas.

La cause de cet état d'infériorité du produit français sur le produit américain, réside toute ou presque toute dans l'état de propriété des usines ; la plupart sont montées par des associations de personnes complétement étrangères au métier et avec des ressources insuffisantes, on met à la tête de l'établissement des gens tout aussi compétents que les propriétaires ; puis, on a recours aux lumières des vieux maçons de la localité, qui ont fait tous les fours possibles et impossibles, pour installer les cornues, et, en fin de compte, on marche tant bien que mal.

Il arrive même souvent qu'on démolit plusieurs fois les fourneaux avant d'arriver à trouver la bonne distribution de flamme et d'air, on fait et on refait ainsi presque toutes les parties de l'usine parce qu'on a pas su prévoir que telle disposition applicable en telle circonstance, ne l'était plus dans une autre ; on use toutes les ressources des associés, qui se trouvent obligés de vendre à perte pour faire de l'argent ; les fonds destinés au roulement se trouvant mangés par les frais d'installation, on marche dans des conditions d'exploitation ruineuses ; les dividendes sont nuls, et l'on est tout étonné de n'avoir que des résultats négatifs, au lieu des bénéfices sur lesquels on comptait.

Le bassin autunois renferme un grand nombre de couches de schistes bitumineux, dont la teneur varie entre 5 et 30 0/0 d'huile, malheureusement, au lieu de concentrer leurs forces et de monter des usines importantes sur les points favorables, les concessionnaires s'isolent et se font concurrence, heureux, quand ils ne dénigrent pas réciproquement leurs produits.

La consommation d'huile minérale est devenue tellement grande, que les quelques millions de litres d'huile de schiste qui se fabriquent annuellement se vendront toujours, malgré les paniques que le pétrole amène par des explosions trop souvent répétées.

Comme il est possible de faire des huiles minérales qui ne présentent aucune espèce de danger, il est à présumer que, lorsque les fabricants consentiront à ne livrer que des produits de nature inexplosible, la consommation augmentera dans des proportions telles, que le schiste passera dans le courant du pétrole auquel, du reste, il ne peut que donner de la qualité.

La richesse du bassin d'Autun est telle que si on livrait 10 millions de litres d'huile chaque année, on pourrait continuer sur ce pied pendant 2000 ans sans l'épuiser d'une manière trop sensible.

Les systèmes de distillation à feu nu, actuellement employés sont de deux sortes, savoir : les cornues fixes et les cornues tournantes ; nous avons assez montré combien les cornues fixes sont défectueuses, nous souhaitons à ceux qui s'obstinent à s'en servir, que leur emploi ne soit pas une cause de ruine.

Quel que soit le système à feu nu dont on se serve, la marche de la distillation est exactement la même, il n'y a que le temps employé à l'opération qui diffère. Généralement les schistes en distillation commencent par donner de la vapeur d'eau en plus ou moins grande abondance, puis après l'eau sort l'huile ; lorsque l'opération tire à sa fin, on a un mélange d'eau et d'huile, et enfin du gaz coloré incondensable et incombustible.

Nous allons indiquer maintenant ce qui se passe dans les cornues tournantes, mais avant nous dirons que chaque schiste exige une étude spéciale pour être distillé convenablement. Tel schiste devra être chauffé pendant plus ou moins de temps, selon sa nature et la quantité d'eau et d'huile qu'il contient. Ce serait un tort de distiller de la même manière deux schistes qui donneraient des huiles de natures différentes.

Voici quelques distillations faites sur des schistes divers, on appréciera les différences qui se produisent pendant l'opération.

1er *Schiste.* — Demande à être fortement et longtemps chauffé pour faire partir l'eau, peu de feu pendant la sortie de l'huile, fait beaucoup de gaz très-difficile à arrêter ; rendement 3 1/2 0/0, n'est pas exploitable.

2e *Schiste.* — Doux à chauffer pour le départ de l'eau ; maintenir le feu doux tout le temps que l'huile sort, sans quoi on fait beaucoup de gaz ; rendement 8 0/0.

3e *Schiste.* — Feu moyennement fort pendant la sortie de l'eau, et doux pendant la sortie de l'huile, donne beaucoup de gaz à la fin de la distillation ; rendement 6 0/0.

4e *Schiste.* — Feu moyennement fort pendant la sortie

de l'eau et couvert pendant la sortie de l'huile ; feu très-difficile à mener pour ne pas faire de gaz ; rendement 4 0/0.

5e *Schiste.* — Bon feu ordinaire pendant la sortie de l'eau; feu doux pour celle de l'huile, donne beaucoup de gaz à la fin de la distillation ; rendement 12 0/0.

6e *Schiste.* — Bon feu ordinaire pendant tout le temps de l'opération, ne donne pas de gaz; rendement 6 0/0.

7e *Schiste.* — Même chose que le précédent, quoique provenant d'une couche différente.

8e *Schiste.* — Feu doux tout le temps de l'opération, donne peu de gaz, se distille avec une rapidité très-grande, c'est-à-dire en deux fois moins de temps que tous les autres ; rendement 5 0/0.

9e *Schiste.* — Feu doux tout le temps de l'opération ; rendement 7 1/2 0/0.

10e *Schiste.* — Bon feu au commencement; très-dur à chauffer pour faire partir l'eau ; maintenir un feu moyen pendant la sortie de l'huile, donne du gaz à la fin de l'opération ; rendement 6 0/0.

11e *Schiste.* — Feu ordinaire pendant tout le temps de l'opération ; peu de gaz ; rendement 30 0/0.

Nous nous en tiendrons à ces opérations, faites dans les mêmes conditions de quantité, de vitesse et de temps, pour montrer combien il est important de mener l'opération suivant la nature des schistes. On voit qu'il est impossible de distiller de la même manière tous les schistes exploitables ; il en est qui offriraient des dangers si on employait des appareils imparfaits.

Dans les cornues fixes il est impossible, ou du moins très-difficile de tenir compte des exigences de la distillation; l'opération, laissée entre les mains de chauffeurs routiniers et même inintelligents, se conduit de la même manière pour toutes les natures de schistes ; la disposition des cornues ne permet pas de modifier l'opération suivant les besoins de la distillation, et, en effet, nous avons vu que plusieurs cornues fixes sont chauffées par un seul foyer ; Il est telle cornue dont le degré de distillation peut être plus ou moins avancé que dans les autres, il faudrait alors pouvoir retarder ou activer la distillation de la cornue défectueuse, ce qui ne peut pas se faire sans attaquer celles qui sont solidaires avec elle. Il faut donc subir, bon gré mal gré, toutes les fautes que les chauffeurs peuvent commettre.

Dans les cornues tournantes, au contraire, chacune d'elles marche d'une manière indépendante ; on peut à chaque instant activer ou ralentir la distillation, selon les phénomènes qui se produisent, il suffit d'un peu d'attention de la part du chauffeur; si le gaz se produit, on refroidit la cornue en ouvrant les portes des foyers, si la distillation s'endort, on active les feux. Il est donc facile de la maintenir en bonne marche.

Il existe dans le bassin d'Autun deux usines où l'on emploie les cornues tournantes, ce sont celles de Lavarenne et de Millery.

Dans l'usine de Lavarenne les cornues sont défectueuses; elles sont trop petites ; la sortie des vapeurs est étriquée ; les barillets sont mal établis. Dans celle de Millery on a conservé la plupart des défauts que l'expérience a révélés à Lavarenne.

Il faudrait, pour marcher dans les conditions d'une bonne distillation, changer radicalement les cornues et les réfrigérants, ainsi que nous allons le montrer.

Mais, d'abord, il est bon d'exposer les conditions qu'il faut remplir pour distiller convenablement.

La distillation repose tout entière sur trois principes :

1° L'égalité de température de la cornue ;

2° La condensation rapide des vapeurs d'huile ;

3° Le chauffage du schiste aussi prompt que possible.

Toute cornue qui remplira ces trois conditions fonctionnera d'une manière satisfaisante.

Nous avons vu que les cornues fixes ne peuvent pas satisfaire à la première et à la troisième condition ; elles sont donc tout à fait inférieures à celles qui les remplissent.

Les cornues tournantes peuvent être chauffées également sur toute leur longueur, car il y a trois foyers qui permettent de répartir le calorique sur tous les points de la cornue qui viennent dans leur mouvement de rotation se présenter à l'action des feux. La première condition se trouve donc remplie.

La deuxième peut être aussi bien exécutée dans les cornues tournantes que dans les autres systèmes ; il suffit, pour cela, d'avoir des réfrigérants d'une puissance suffisante et convenablement disposés.

La troisième condition est la plus importante et n'appartient, dans les systèmes à feu nu, qu'à la cornue tournante. Les schistes étant constamment remués viennent, comme nous l'avons déjà dit, se mettre tour à tour en contact avec des parois fortement chauffées et se distillent rapidement.

Ainsi, la cornue tournante remplit bien toutes les conditions exigées pour faire une bonne distillation.

A côté de ces avantages il y a, sur les appareils existants, des défauts assez sérieux qui ne peuvent pas être corrigés, car il faudrait, pour les faire disparaître, changer tout le matériel, et c'est là une dépense devant laquelle reculeront les usines. C'est aussi une des causes qui en ont empêché l'emploi, personne n'ayant cherché à remédier à ces défauts et chacun les voyant sans se les expliquer, ou sans vouloir les expliquer, on les a jugés définitivement mauvais.

C'est contre cette erreur que nous désirons protester,

et nous allons tâcher de montrer que ces défauts peuvent facilement se corriger.

DESCRIPTION SOMMAIRE DES CORNUES TOURNANTES.

Les cornues tournantes actuelles sont composées de trois parties :

1° Un cylindre en tôle de 10 millimètres d'épaisseur, de 700 millimètres de diamètre et de 3 mètres de long, dont l'un des bouts est terminé par une plaque en fonte, rivée sur le cylindre en fer, et portant un axe creux de 90 millimètres de diamètre intérieur ; sur cet axe se trouve placée, après le support, une roue d'engrenage, mise en mouvement par une vis sans fin ; au-delà de la roue, l'extrémité de l'axe creux entre dans un barillet de fonte, le joint de l'axe et du barillet est fait à l'aide d'un presse-étoupe; il y a deux collets sur l'axe, qui empêchent le déplacement de la roue lorsque le cylindre se dilate;

L'autre extrémité du cylindre est également terminée par une plaque en fonte, rivée au fer, et portant un axe plein, sans collet, pour permettre la dilatation ;

Un trou est ménagé sur cette plaque pour faire le chargement et le déchargement des schistes. Ce trou est ovale et de la dimension d'un trou d'homme ordinaire, afin qu'on puisse au besoin entrer dans la cornue ; on ferme ce trou avec une plaque de fonte serrée par deux écrous ; le joint est fait avec de la terre glaise bien battue ;

2° Un barillet en fonte portant quatre tubulures et un tampon de nettoyage ; l'une des tubulures reçoit l'axe creux de la cornue ; deux autres conduisent les vapeurs d'huile dans le réfrigérant, et la quatrième, placée en face de l'axe creux, contient un piston emmanché et servant à nettoyer l'axe creux des poussières qui pourraient s'y attacher et qui finiraient par l'obstruer ;

3° Un réfrigérant composé d'une bâche à eau contenant un ou deux serpentins d'une dimension suffisante.

Ce réfrigérant doit être muni de tous les accessoires nécessaires pour le service de l'eau et pour la sortie des huiles et des gaz incondensables.

MARCHE DE LA DISTILLATION.

Le tampon étant enlevé, on charge à la pelle les schistes préalablement cassés, autant que possible, en lames, plutôt qu'en morceaux épais ; la distillation se fait mieux et plus rapidement quand ils sont bien cassés. Une fois la cornue pleine jusqu'à la moitié, on met le tampon dont on a eu soin de garnir la rainure avec de la terre glaise, pour former joint, et on embraye le manchon de la transmission ; la cornue se met à tourner.

Les feux sont tenus en bonne activité pendant les premières heures employées à chauffer les schistes ; quand la température de ces dernirs est à 100 degrés, ils laissent dégager l'eau de carrière en un petit filet d'abord, et qui va en augmentant pendant quelques temps, pour diminuer ensuite.

Quand on voit le filet d'eau se ralentir, on peut être certain que l'huile ne tardera pas à arriver ; parfois il y a une interruption assez prolongée entre la cessation du filet d'eau et le commencement du filet d'huile. Cela doit tenir à ce que les schistes peuvent être suffisamment chauffés pour laisser dégager leur eau et pas assez pour vaporiser l'huile. Ce temps d'arrêt est employé à augmenter la température de la masse, qui n'est plus refroidie par l'absorption du calorique latent, nécessaire à vaporiser l'eau.

Entre la cessation du filet d'eau et le départ de l'huile, il est bon de bien veiller au feu ; car, si à ce moment les schistes, ou plutôt la cornue est trop chaude, il y a formation de gaz et on ne reçoit pas d'huile ; si la cornue est trop froide l'huile ne peut pas partir. Il se produit alors un phénomène étrange. C'est celui-ci : l'huile ne peut pas se dégager quelle que soit la chaleur qu'on donne à la cornue. On dit alors que la distillation est endormie. On ne connaît pas encore de moyen efficace pour la rétablir.

Si on donne à ce moment un coup de feu on fait du gaz, si on n'en donne pas on n'a rien ; il paraît donc difficile d'éviter ce désagrément ; on y parvient pourtant facilement par une étude sérieuse sur la marche du feu, qu'on mène selon la nature des schistes et les phénomènes de leur distillation. Il y a des schistes qui donnent deux fois plus d'eau que d'huile, d'autres qui en donnent cinq fois moins ; il est clair qu'il ne faut pas distiller les uns et les autres de la même manière.

Pour ceux qui donnent deux fois plus d'eau que d'huile, il n'y a nul inconvénient à forcer un peu les feux au commencement de l'opération, pour les ralentir au moment de la sortie de l'huile.

Pour ceux qui donnent moins d'eau que d'huile, le feu doit aller en progressant d'intensité depuis le commencement de l'eau jusqu'à l'arrivée de l'huile, et à ce moment il faut le modérer pendant tout le temps de la distillation.

On voit donc par ces faits la nécessité qu'il y a d'étudier sérieusement ce qui se passe pendant la distillation d'un schiste, et de conformer la conduite du feu aux besoins de l'opération.

Lorsque l'huile arrive à sa fin, on trouve en recueillant les produits de la distillation un mélange d'eau et d'huile. Comment se peut-il faire qu'on trouve de l'eau dans une masse de schiste dont la température est de 350 à 400 degrés centigrades, alors qu'on n'en a pas trouvé une seule goutte pendant la sortie des huiles, qui a lieu entre 300 et 350 degrés ?

Ce phénomène n'a pas encore été expliqué convenablement ; l'eau étant composée d'oxygène et d'hydrogène combinés, par une chaleur intense, ne trouve pas les éléments nécessaires pour se former dans la cornue, car les vapeurs d'huile ne contiennent que du carbone et de l'hydrogène ; la cornue étant hermétiquement close, l'air extérieur, et par conséquent l'oxygène, ne peut pas entrer dans l'intérieur, et quand même il y entrerait la température n'est pas assez élevée pour opérer la combinaison des deux gaz ; on n'a pas encore trouvé l'explication véritable de ce fait. Il existe, c'est tout ce qu'on en peut dire jusqu'à présent.

Lorsque la distillation donne un mélange d'eau et d'huile, on peut être certain qu'elle touche à sa fin ; à ce moment on peut forcer les feux autant qu'on le voudra, on n'obtiendra rien qu'un peu de gaz, les tuyaux des réfrigérants perdront leur chaleur, quoiqu'on fasse pour chauffer la cornue.

Lorsque les tuyaux des réfrigérants les plus près du barillet se refroidissent sensiblement, on peut arrêter la distillation et décharger la cornue.

Quand il se produit du gaz en abondance pendant la distillation, il y a entraînement d'huile ; si on la recueille, on trouve qu'elle est très-légère et d'une odeur insupportable ; la densité de cette huile varie entre 760 et 830 grammes au litre ; la proportion entraînée est d'environ 1 0/0 quand on fait beaucoup de gaz ; elle est presque nulle quand on en fait peu ; dans tous les cas il n'y a nul inconvénient à ne pas recueillir ce produit qui donnerait de l'odeur aux huiles brutes et dont la combustibilité est mauvaise.

Si pourtant on voulait ne pas le perdre, il faudrait établir un système de réfrigérant très-coûteux et qui ne rendrait pas en huile l'intérêt de l'argent qu'il aurait fallu dépenser pour l'installer, mieux vaut donc perdre l'huile entraînée par le gaz incondensable, il vaudrait mieux encore ne pas faire de gaz pendant la distillation.

En général, quel que soit le système employé, on doit ménager aux vapeurs d'huile une sortie aussi grande que possible et d'une inclinaison très-brusque. On doit éviter à tout prix la direction verticale des tubulures de sortie des vapeurs, qui a pour effet d'établir des pressions dans l'intérieur des cornues et de détériorer les huiles ; et en effet, les vapeurs d'huile peuvent être appelées paresseuses, c'est-à-dire ne s'élevant pas facilement ; pour qu'elles puissent monter il faut qu'elles aient reçu un excès de chaleur, ce qui a pour effet de les brûler et de leur donner de l'odeur, et plus la sortie sera élevée plus elles seront détériorées, et plus la pression sera grande dans la cornue, ce qu'on doit éviter.

Quand, par une cause quelconque, telle qu'un chauffage trop violent, une obstruction des tuyaux, etc., il se produit une pression, le tampon est repoussé, les vapeurs en sortent et s'enflamment, il se produit alors une cuisson de la terre glaise du joint, et, par suite, des fissures qui peuvent donner passage à l'air et enflammer l'intérieur de la cornue ; dans ce cas, les vapeurs brûlent sans donner une goutte d'huile et peuvent faire rougir la cornue et la déformer; il faut donc éviter avec soin les causes qui produisent des pressions.

En hiver, les huiles un peu paraffinées peuvent boucher, en se refroidissant, les tuyaux des réfrigérants ; les gaz ne pouvant plus s'échapper s'accumulent dans ces tuyaux et acquièrent à chaque instant une tension de plus en plus forte. Quand cette tension peut chasser l'huile figée, la circulation se rétablit ; quand elle ne peut pas la chasser elle fait séjourner les vapeurs d'huile dans la cornue où elles se brûlent et se transforment en gaz, qui augmente encore la tension ; enfin, à un moment donné, le tampon est repoussé ou bien la soupape de sûreté est chassée violemment hors de son siége, et les vapeurs s'échappent dans l'atmosphère où elles peuvent prendre feu.

Lorsque, par suite d'une pression, le tampon laisse échapper les vapeurs d'huile et qu'elles prennent feu, la distillation est tout à fait manquée, et l'on doit s'estimer heureux de n'avoir à subir que cette perte.

Pour remédier, ou du moins pour éviter que cet accident se renouvelle fréquemment, il faut, ainsi que nous l'avons dit, donner de larges sorties aux vapeurs d'huile et les forcer à descendre au moyen d'un refroidissement brusque en été, et moins froid en hiver.

Voici comment les appareils devraient être établis :

Au sortir de la cornue les vapeurs se rendent dans un barillet qui, jusqu'à présent, a été mal disposé. Il le faudrait plus grand et complétement entouré d'eau, renouvelée au fur et à mesure qu'elle s'échauffe; de plus, il le faudrait disposé de manière à pouvoir être nettoyé facilement, même en marche.

Les tubulures de sortie des vapeurs attenant à ce barillet, devraient être placées au-dessous de l'axe de la cornue, et non pas sur la face supérieure; on doit maintenir dans l'intérieur du barillet une certaine quantité d'eau dont le niveau vient aboutir à la première tubulure de sortie, destinée à l'évacuation des huiles condensées dans l'intérieur, les vapeurs non condensées sortiront par la deuxième tubulure placée un peu au-dessus de la première, mais toujours en dessous de l'axe de la cornue; elles circuleront dans un serpentin en plomb placé dans une bâche remplie d'eau, qu'on maintiendra froide en été et tiède en hiver.

Il est bon d'avoir les moyens de renouveler facilement l'eau des réfrigérants, pour maintenir la fluidité des huiles condensées et leur permettre de pouvoir parcourir la conduite collectrice qui les mène à la bâche de réception.

D'après ce qui précède, on voit que les vapeurs s'en vont par les tubulures de sortie au fur et à mesure de leur introduction dans le barillet, et que l'on n'aura pas à redouter les pressions qui se produisent quand on les force à trop remonter.

Nous avons dit qu'il fallait pouvoir nettoyer facilement l'intérieur du barillet, et en voici la raison : par le mouvement de rotation de la cornue, les schistes roulent les uns sur les autres pendant six heures, et par suite de la sortie des vapeurs d'huile ils se fendillent et deviennent de plus en plus tendres, il se produit alors pendant la distillation une poussière fine dont une partie est entraînée par les vapeurs. Cette poussière se dépose dans le barillet et dans l'axe creux de la cornue.

Celle qui se dépose dans le barillet tombe au fond, et en s'accumulant finit par chasser toute l'eau ; si on n'y prend pas garde elle descend par la première tubulure et peut boucher la sortie des huiles ; de là, obligation de nettoyer fréquemment.

Lorsque la deuxième sortie des vapeurs se trouve placée sur la face supérieure du barillet, il pourrait arriver que l'engorgement de la première sortie par les poussières produise un accident tel qu'explosion ou inflammation des vapeurs d'huile, et en effet, comme il ne sortirait aucun liquide du barillet, le niveau finirait par monter jusqu'à l'axe, puis les huiles retourneraient dans la cornue où elles se redistilleraient et produiraient une grande quantité de gaz, le tampon serait repoussé, les vapeurs s'enflammeraient et pourraient communiquer le feu à l'huile contenue dans le barillet; il y aurait donc un dégagement de vapeur pour ainsi dire spontané, qui pourrait occasionner les plus graves accidents.

Le barillet étant une caisse rectangulaire, il faut placer la tubulure de nettoyage de manière à pouvoir promener une râclette dans tout l'intérieur, et disposer sa fermeture pour qu'une vis de pression suffise à faire le joint.

Quand à la poussière qui se dépose dans l'axe creux de la cornue, elle peut causer des accidents sérieux si on ne l'enlève pas souvent, car elle est imprégnée de vapeur d'huile et s'attache aux parois de l'axe de manière à bientôt le boucher ; les vapeurs ne pouvant plus se rendre dans le barillet, il y a nécessité absolue d'arrêter le travail de la cornue.

Pour opérer le nettoyage de l'axe, même en marche, on se sert d'un piston composé d'une pièce en fonte à 3 ou 4 lames, la forme de ce piston doit être telle, que quelle que soit la cause pour laquelle il reste engagé dans l'axe les vapeurs puissent sortir ; il faut éviter de se servir de pistons pleins qui bouchent la sortie des vapeurs pendant le nettoyage, car cela peut causer des accidents, tels que pression, et renvoi du piston sur l'ouvrier qui le pousse.

Le réfrigérant qui condense les vapeurs sortant du barillet doit porter un tampon ou soupape de sûreté à joint hydraulique ; il doit être assez long pour que la condensation s'y opère complétement, et assez gros pour que malgré une certaine obstruction produite par un long service, le gaz incondensable puisse sortir facilement et s'échapper dans l'atmosphère.

Les huiles arrivées au bas du réfrigérant sont reçues dans une conduite qui les envoie dans une grande bâche pouvant contenir la production de 2 ou 3 jours de distillation.

Le filet d'huile qui sort du réfrigérant est un excellent indicateur de la marche des foyers ; avec un peu d'habitude on peut préciser l'état de la cornue sans avoir besoin de la voir, et régler sa marche pour que la distillation soit bonne.

Ce moyen régulateur, qui ne peut s'acquérir que par une certaine habitude, peut être remplacé par un autre plus simple et aussi sûr. Il faut observer de quelle quantité la cornue s'est dilatée pendant quelle faisait une bonne distillation, faire une marque sur l'axe et ne chauffer pour les autres opérations que jusqu'à ce que le même point soit atteint.

La surveillance des cornues est rendue plus facile et plus rapide, on n'a pas à ouvrir les foyers pour s'assurer de leur état, car si la cornue est trop froide, la dilatation sera insuffisante; si elle est trop chaude, la dilatation sera trop forte, et la marque sera dépassée.

Il ne faudrait pas croire pourtant qu'il est nécessaire que la cornue soit dilatée rigoureusement de la même longueur pour bien distiller; on peut, sans inconvénient, la chauffer à 2 millimètres en dessus ou en dessous de la longueur reconnue bonne, sans que les produits de la distillation soient altérés.

La dilatation étant une chose impossible à empêcher, il est naturel de se servir d'elle comme d'un indicateur presque infaillible pour connaître à chaque instant l'état des cornues et de la distillation.

Quand l'opération est achevée, on arrête la cornue, de manière à ce que le tampon se présente en face de la porte de déchargement, puis on desserre les écrous avant qu'ils aient subi un refroidissement qui aurait pour effet de les faire gripper.

Si la distillation est parfaite il ne sort aucune fumée, si elle est incomplète il sort un gaz qui s'enflamme spontanément au contact de l'air et dont les ouvriers doivent se garantir. Ce gaz brûle tout le temps du défournement et s'éteint pour se changer en fumée blanchâtre lorsque les schistes sont en remblai; si la distillation a été endormie, les schistes retirés de la cornue ont un aspect gras et dégagent beaucoup de fumée colorée.

Le feu se met dans les schistes distillés, mais il ne se

propage pas dans la masse quand ils sont bien épuisés, et il ne se produit aucune fumée, tandis que les schistes mal distillés dégagent une fumée épaisse accompagnée de flammes.

Les schistes sortant de la cornue sont de couleur noire; ceux qui prennent feu à l'air deviennent blanchâtres à la surface, mais l'intérieur est toujours noir, à moins qu'on ne les soumette à l'action prolongée d'un feu violent; dans ce cas, ils deviennent entièrement blanchâtres. Quand ils ont pris cette couleur, on peut être certain qu'il n'y reste aucune trace d'huile et que le corps brûlé n'a pas un atome de carbone; c'est une terre quelconque, un grès ou un silicate d'alumine, dont on peut tirer plus ou moins partie, soit pour les briqueteries, soit pour les amendements (mais en lui faisant subir des manipulations qui le rendent propre à ces usages).

Il y a entre le schiste et le boghead distillés une différence, c'est que le schiste ne brûle plus, tandis que le boghead brûle encore très-bien; on ne peut pas dire que le résidu de la distillation du schiste est un coke, comme l'avancent quelques auteurs, puisque c'est une matière inerte; tandis qu'on peut presque dire que le résidu du boghead en est un, et pourtant ce résidu n'est pas autre chose qu'une terre plus ou moins réfractaire, puisqu'on l'emploie à faire des briques.

Ce qui peut faire dire que le résidu du boghead est un coke, c'est qu'en le mettant sur une grille il brûle encore pendant longtemps; cela ne prouve qu'une chose, c'est que la distillation quelque parfaite qu'on l'ait crue, a laissé une grande quantité d'huile dans le boghead; c'est cette huile qui brûle, parce qu'elle trouve dans le foyer une température suffisante pour la faire dégager; mais le boghead lui-même ne perd pas un atome de la terre qui le compose, il garde de plus sa forme entière, il ne contient donc pas d'autre carbone que celui qui entre dans la composition de l'huile ; en un mot, c'est comme le schiste une terre imprégnée d'une grande quantité d'huile et pas autre chose ; le carbone qui forme le coke que tout le monde connaît n'est jamais entré dans la composition d'un schiste bitumineux quelconque, lequel redevient terre, lorsque la chaleur en a chassé le carbure d'hydrogène.

Dans l'établissement d'une usine il faut avoir soin de se ménager le plus grand espace possible pour recevoir les schistes distillés ; l'encombrement produit par cette matière rappelle celui des scories des hauts-fourneaux. Quand le prix du transport des schistes distillés devient trop onéreux, on préfère souvent abandonner l'usine pour la reconstruire sur un nouvel emplacement.

Il faut donc éviter cet inconvénient par un bon choix d'un emplacement capable de recevoir beaucoup de matières et à peu de frais.

Les huiles sortant de chaque réfrigérant sont reçues dans un tuyau collecteur qui les conduit dans une grande bâche ; là elles commencent à se séparer de l'eau qu'on retire au moyen d'un robinet placé au bas de la bâche et qu'on envoie n'importe où. Jusqu'à présent on n'a pas tiré parti de cette eau, quoiqu'elle contienne de l'ammoniaque en certaine quantité.

Après deux jours de repos dans la bâche, on prend l'huile à l'aide d'une pompe et on l'envoie dans des décanteurs pour achever d'en séparer l'eau.

Ces décanteurs sont composés d'un grand cylindre en tôle, dont l'une des extrémités est terminée en cône, au bas duquel se trouve un robinet. Quand on veut retirer l'eau on ouvre ce robinet, il en sort d'abord de l'eau, puis des crasses composées de particules de schistes et d'huile, l'eau est rejetée et les crasses sont recueillies dans des bâches où on les laisse reposer ; l'huile finit par venir surnager et on en recueille ainsi une certaine quantité, qu'on peut évaluer à 10 0/0 environ du volume des crasses. Arrivée à ce point du travail, la distillation des schistes se trouve terminée et l'on entre dans une nouvelle série d'opérations à faire sur les huiles brutes, dont nous rendrons compte plus loin.

De tout ce qui précède, on pourrait en conclure, que la conduite de la distillation est une opération difficile à mener dans les cornues tournantes. En réalité cela n'est pas ; il suffit de bien connaître la nature des schistes, et l'on ne tarde pas à se convaincre qu'il est facile de la conduire à bonne fin.

Les défauts que nous avons signalés n'existeraient pas si les cornues étaient convenablement étudiées, et il ne faudrait pas conclure que ce système est défectueux, parce qu'il n'a pas été bien compris jusqu'ici.

A notre avis, aucun appareil à feu nu ne peut soutenir la comparaison avec celui-ci ; il a pour lui une grande rapidité de marche et un dépouillement complet des schistes, choses qu'on ne peut pas obtenir dans les systèmes fixes ordinaires, et ces derniers ont aussi des inconvénients qui ne sont pas faits pour en encourager l'emploi.

Voici quelques renseignements sur la main-d'œuvre, nécessaire pour le service de ces cornues :

Pour charger et décharger 12 cornues, il faut :

2 hommes au défournement.
2 — au chargement.
2 — au transport des schistes brûlés.
2 — au chargement des brouettes ou wagonnets.
1 surveillant de distillation.
2 chauffeurs.
6 hommes au cassage du schiste.
1 machiniste.

Total 18 hommes pour le service de jour, ce qui fait

36 hommes par 24 heures, à 2 fr. 75 l'un, soit 98 francs.

Si les schistes ne rendent que 5 0/0, on fera 2,400 litres d'huile brute; le prix du litre est de 0 fr. 04 cent.

Le charbon consommé s'élève à 2 hectolitres par mètre cube, distillé à 2 fr. l'hectolitre, soit pour les 48 mètres, 192 fr., et pour 1 litre d'huile 0 fr. 08.

Le prix de revient du litre serait donc de 0 fr. 12 cent.; ce prix peut être abaissé d'une manière sensible en disposant les foyers convenablement, en donnant le cassage à l'entreprise, ou mieux en le faisant faire par des machines. En ajoutant, à ce prix de revient, les frais généraux, l'amortissement, l'entretien, les transports, etc., etc., il montera à 0 fr. 15 cent. le litre au plus.

LÉGENDE DES CORNUES TOURNANTES.

A Cornue en fer.
B Barillet de réception des vapeurs.
C Tuyau d'évacuation de l'huile condensée dans le barillet (on le termine par un serpentin).
D Tuyau réfrigérant pour les vapeurs non condensées dans le barillet.
E Piston servant à nettoyer l'axe creux de la cornue.
F Bâche à eau.
G Grilles des foyers.
H Carneaux d'appel.
I Cheminée.
J Trou de chargement et de déchargement de la cornue (bouché par un tampon).
K Arbre de la transmission de mouvement des cornues.
L Levier et mouvement d'embrayage.
M Voie de service pour le déchargement des cornues.
N Chariot porteur pour amener les wagons près des cornues.

DESCRIPTION DES APPAREILS A VAPEUR.

Les appareils nécessaires pour distiller au moyen de la vapeur désaturée sont les suivants :

Une chaudière à vapeur ;

Deux surchauffeurs ;

Deux cubilots générateurs des gaz de chauffage ;

Six cornues distillatoires ;

Et enfin les accessoires, wagons de chargement et de déchargement.

Chaudière à vapeur.

Le générateur employé est le même que celui qui sert à la production de la vapeur nécessaire aux machines motrices ; il a pour but de produire de la vapeur déjà séchée dans la chaudière par suite de la non saturation et de l'élévation de température qu'elle y prend (300 degrés environ), sans élever la pression jusqu'aux limites extrêmes dans lesquelles fonctionnent habituellement les machines.

Cette production de vapeur non saturée se fait dans un milieu chauffé à une température de 300 à 350° et sur un bain métallique fusible à 230° au minimum. Le liquide s'introduit dans la chaudière au fur et à mesure qu'il est nécessaire pour remplacer la vapeur consommée. Cette introduction d'eau cesse à l'instant où la pression atteint la limite qu'on a déterminée.

Le générateur est composé d'un cylindre en fer terminé par un fond en acier fondu rivé avec lui ; un couvercle muni des appareils de sûreté ordinaires ferme l'autre extrémité du générateur. Il est placé verticalement, ce que ses faibles dimensions permettent de faire sans inconvénient.

Le fond en acier reçoit l'action du foyer et la transmet à un bain métallique fusible à 230° au moins et 330° au plus. Sur ce bain métallique repose un fond en fer sur lequel s'injecte l'eau à vaporiser, et enfin une cloche couvrant le fond en fer force la vapeur à passer près des parois du générateur pour achever de recevoir la température convenable, et en même temps pour conserver le métal. La fusion du bain métallique indique le point minimum de la formation de la vapeur ; cette fusion se reconnaît à la possibilité de rendre mobile la clef d'un agitateur composé d'une tige courbée plongeant dans le bain métallique.

En face de l'agitateur se trouve le pyromètre-sifflet, qui, par sa mobilité indépendante, annonce le point maximum de la formation de la vapeur ; en marche ordinaire, on ne doit pas aller au delà de ce point. Cet appareil n'est autre chose qu'un tube en fer creux, dont l'extrémité inférieure est bouchée et étamée pour la communication calorifique avec le bain métallique dans lequel elle est plongée. A l'intérieur de ce tube se trouve au fond une faible quantité de plomb retenant une tige rigide sollicitée à l'extérieur par un contre-poids, de façon que si la température venait à s'élever dans le générateur jusqu'à la liquéfaction du plomb, le contre-poids tomberait sur un sifflet d'alarme qui avertirait le chauffeur que son appareil est porté au maximum de tension thermométrique, qu'il ne doit jamais dépasser dans la pratique.

Au centre du couvercle s'élève une boîte de fonte à plusieurs tubulures, sur lesquelles sont la prise de vapeur munie de son robinet et les soupapes de sûreté. Directement juxta-posés au couvercle sont deux tuyaux, dont l'un est terminé en sifflet et va jusqu'au fond du vaporisateur, tandis que l'autre s'arrête aux deux tiers de ce dernier. Le premier est le purgeur, le second est l'alimentateur.

Ce dernier porte un robinet gradué qui a pour but de ne permettre que l'admission de l'eau nécessaire à la tension manométrique que l'on veut obtenir.

Au-dessus du robinet gradué s'en trouve un autre à trois eaux, qui permet de s'assurer s'il n'y a pas obstruction dans l'écoulement de l'eau ; tourné dans un autre sens, ce robinet indiquera par la sortie de vapeur qu'il n'y a pas obstruction de l'alimentateur à la chaudière.

Cet alimentateur est relié directement avec un appareil appelé pompe d'équation régénératrice, qui a pour but de maintenir une certaine quantité d'eau sous une pression constante en dehors de toute cause de variation, et de donner à cette eau une température *maxima* en relation avec la pression ; l'eau aura donc un écoulement régulier par l'orifice du robinet gradué, et si elle entrait en trop grande abondance, la tension pourrait momentanément augmenter et dépasser celle qui la force à entrer dans le générateur. Dans ce cas, il y aurait arrêt dans l'entrée de l'eau, et il faudrait fermer un peu le robinet d'introduction.

La pompe d'équation offre de l'analogie avec une presse hydraulique, sauf que la tige porte un trou à sa partie inférieure, destiné à l'évacuation du trop plein d'eau envoyée par la pompe alimentaire, et que le cylindre est garni de tubes recevant la vapeur ayant travaillé, laquelle chauffe l'eau contenue à l'intérieur du corps de pompe.

Marche du générateur.

La vapeur est générée à environ 280° centigrades ; le générateur qui ne contient pas d'eau est prêt à fonctionner lorsque l'étain est fondu, ce qui se reconnaît à la mobilité de l'agitateur.

Pour fonctionner, le chauffeur ouvre son robinet gradué ; le liquide, toujours soumis à une pression *maxima*, entre dans le générateur par un jet continu, en raison de l'ouverture de la section du robinet gradué, ce qui permet d'obtenir *ad libitum* telle ou telle pression comprise entre zéro et le point *maxima* de pression de l'eau, mais pas au delà, et en effet, l'eau n'étant sollicitée à entrer dans le générateur que par une force immuable (la pesanteur), ce liquide ne peut plus pénétrer dès que la pression intérieure fait équilibre à la pression extérieure. De là cette conséquence que le rôle des soupapes devient inutile.

Si on admet que, par impossible, une quantité du liquide entre tout à coup par l'ouverture brusque et entière de toute la section du robinet gradué (section calculée sur la pression *maxima* que doit avoir la vapeur), et que, toujours par impossible, on suppose que la vaporisation n'ait pas lieu en raison directe de cette vitesse d'introduction du liquide, on se trouverait avoir de l'eau dans le sein du générateur, et par conséquent, un moyen de développer une force expansive au-delà des limites prévues. Si les choses se passaient ainsi, ce serait la justification de l'emploi des soupapes; mais cela est impossible, car le seul fait du ralentissement de la vaporisation suppose dans l'ensemble de l'appareil un abaissement de température qui limite par cela même l'expansion de la vapeur.

Si on suppose maintenant la puissance vaporisatrice portée à son plus haut point, et qu'à ce moment on ajoute brusquement, à l'aide d'une pompe à main, une certaine quantité du liquide, on pourrait croire que la tension de la vapeur devrait s'élever indéfiniment et dépasser bien au delà les limites *maxima*. Ce fait ne se réalise pas, car la puissance vaporisatrice de la chaudière n'est due qu'à son élévation de température, dès lors la vapeur engendrée dans un tel milieu se met spontanément en équilibre thermométrique avec ce milieu, d'où il suit que la vapeur est dilatée et désaturée, et ce n'est qu'à l'aide de cette *dilatation* que la pression manométrique est obtenue. De ceci il résulte que la quantité du liquide ajoutée ne peut qu'abaisser la température générale du générateur et donner une vapeur d'une autre nature, c'est-à-dire saturée.

On comprendra pourquoi un excès d'eau a pour effet un ralentissement notable dans la vaporisation en sachant que : 1° le foyer est, en surface, réduit de près des deux tiers; 2° que la vitesse d'écoulement des gaz produits de la combustion est moindre que celle des générateurs ordinaires; 3° que la surface de chauffe, soit directe, soit indirecte, est réduite dans d'énormes proportions (de 120 décimètres carrés à 8).

On comprend que le générateur est suffisant lorsqu'il produit de la vapeur surdilatée, mais que, par un apport quelconque de liquide troublant l'économie sur laquelle repose ce système, la température générale sera immédiatement abaissée, les surfaces chauffées, étant trop restreintes pour suffire à la transformation du liquide en vapeur ordinaire.

Le résultat définitif étant la non vaporisation des excès d'eau qui pourraient pénétrer dans le générateur, les soupapes de sûreté sont inutiles.

Ceci expliqué, nous reprenons la marche du générateur en étendant cet exposé aussi bien aux machines motrices qu'à la distillation.

L'eau entre donc dans la chaudière, elle s'y vaporise spontanément dans un milieu de 300 à 350 degrés, et elle occupe un espace double au moins de celui de la vapeur saturée, soit environ 3500 litres par litre d'eau vaporisée.

La vaporisation de l'eau a lieu dans le fond de l'appareil nommé vaporisateur, cuve métallique étamée extérieurement à sa partie inférieure, afin que le contact soit parfait avec l'étain et permette au calorique de se mouvoir avec toute la vitesse d'un bon conducteur. Le fond du générateur lui-même est aussi étamé sur la face qui sert de lit au bain d'étain, de sorte que le fond de la chaudière, quoique composé de trois lames métalliques, dont deux réfractaires et une fusible, laisse au calorique toute sa vitesse de pénétration, en raison de la continuité qui a lieu par voie de soudure.

Voici le rôle que joue l'étain dans l'économie de la chaudière ; il est en même temps matelas interpositeur et dispensateur du calorique, qu'il emmagasine de deux façons ; par sa masse à l'état sensible, par sa nature à l'état latent.

Par sa masse il rectifie les irrégularités du foyer ; par sa nature, en passant tour à tour de l'état liquide à l'état solide, il cède au liquide le calorique latent nécessaire pour passer à l'état de vapeur.

Au-dessus du vaporisateur se trouve une cloche qui, s'opposant à la sortie directe de la vapeur, force celle-ci à lécher constamment la paroi de la chaudière exposée à l'action indirecte du foyer, on évite par là le surchauffement de cette paroi et tous les inconvénients qui résulteraient de dilatations inégales ; par ce fait, la virole de la chaudière est pratiquement conservée intacte, de même que l'étain conserve le fond du générateur exposé à l'action directe du foyer.

La vapeur née désaturée va en cet état agir directement sur le piston qu'elle met en mouvement (pour la distillation elle passe dans le surchauffeur qui sera détaillé plus loin), puis s'échappe ayant perdu une quantité de chaleur, en raison de son travail dynamique et qui varie en pratique de 15 à 40 degrés centigrades. Son échappement a lieu sous une pression manométrique ne dépassant guère la pesanteur atmosphérique, mais avec une tension thermométrique variant de 250 à 270 degrés.

Ce fait montre la différence qui existe entre la vapeur désaturée à l'état naissant et la vapeur saturée ordinaire ; car, si on suppose cette dernière à 4 atmosphères, elle aurait 144 degrés ; 40 degrés en moins la mettraient en équilibre avec l'atmosphère, elle aurait donc 104 degrés, tandis que la vapeur désaturée en conserve dans les mêmes circonstances de 250 à 270. Ce qui prouve que la tension manométrique n'a aucun rapport avec la tension thermométrique dans le cas de la vapeur désaturée.

Après avoir agi sur le piston, la vapeur se rend directement dans les tubes de la pompe d'équation, là, elle se dépouille d'une partie de son calorique au profit du liquide alimentaire qu'elle porte à une température variant de 130 à 150 degrés. Ce liquide enfermé dans l'appareil sans espace libre, reste par conséquent à l'état liquide possédant une force expansive équivalente à sa température.

Après s'être refroidie au moyen du liquide échauffé, la vapeur arrive dans le condenseur à l'état de saturation, c'est-à-dire occupant deux fois moins de volume environ, et elle s'y condense par contact. La condensation se fait très-bien, même lorsque la température de l'eau atteint 60 degrés, et le manomètre indiquant le vide marque de 50 à 60 centimètres de mercure.

On comprend qu'il faut employer moins d'eau pour opérer la condensation de cette vapeur que pour celle de la vapeur saturée.

La pompe d'équation est composée d'un cylindre ayant un cube calculé sur la dépense d'eau maxima d'un générateur quelconque pour environ 20 ou 30 minutes de travail, et contenant un plongeur déplaçant la quantité de liquide dont nous venons de parler, ce plongeur est surmonté d'un poids répondant à la pression que l'on veut avoir dans la chaudière. Le cylindre ainsi que nous l'avons dit est garni de tubes pour le passage de la vapeur ayant produit son effet dynamique. Quand la pression devient inférieure à celle que le piston transmet au liquide, ce dernier entre dans la chaudière, et quand elle devient supérieure, l'eau n'entre plus ; l'équilibre tend donc à rester constant entre la pression de la vapeur et celle du piston plongeur.

Dans les chaudières ordinaires, les gaz produits de la combustion s'échappent à un degré thermométrique beaucoup plus élevé que la vapeur, tandis que dans les chaudières à vapeur désaturée, il y a quelquefois équilibre et souvent il est moindre que celui de la vapeur.

Dans le premier cas il y a, ainsi que nous le savons, surabondance de fumée, le carbone ne s'étant pas uni à l'oxygène pour céder son calorique, dans le second il y a peu de fumée, et l'analyse chimique des gaz décèle une grande quantité d'acide carbonique, ce qui prouve que la combustion est bien faite.

Ces phénomènes peuvent s'expliquer par l'abaissement de température dû aux parois de la chaudière dans la vapeur saturée (120 à 150 degrés), tandis que, pour la vapeur désaturée, les parois dépassant toujours 300 degrés, la combustion du carbone a lieu plus facilement.

Dans les cas ordinaires les eaux déposent le long des parois des chaudières les sédiments calcaires qu'elles tiennent en dissolution et qui, par leur accumulation, entravent la transmission du calorique et causent de nombreuses explosions que les soupapes de sûreté ne parviennent pas toujours à conjurer. Dans le générateur à vapeur désaturée les dépôts calcaires ont lieu sous forme de poudre impalpable et sans adhérence sur le vaporisateur. Il ne peut donc pas y avoir d'explosion à redouter par ce fait.

Surchauffeur.

La vapeur engendrée dans le générateur n'a pas une température suffisante pour produire la distillation, ou si elle l'a, elle se refroidit en parcourant les tubes qui la distribuent aux différentes cornues placées assez loin de la chaudière. Il est donc nécessaire de lui donner une température supérieure à celle dont on a besoin, quitte à la refroidir avant son entrée dans les cornues, au moyen de la dilatation qu'on peut lui faire subir à volonté.

Jusqu'ici les appareils surchauffeurs se composent tous de tubes dont on a fait varier les diamètres et les dispositions, mais qui tous, comme tubes, offrent cette particularité, qu'eu égard à leur faible épaisseur, la surface destinée à transmettre le calorique à la vapeur, est égale à celle destinée à recevoir celui du foyer : d'où il suit que la dépense du calorique étant égale à la recette, le surchauffement de la vapeur suit toutes les phases diverses du foyer, augmentant ou diminuant suivant l'intensité du feu, qui lui-même est soumis à l'influence des soins apportés par le chauffeur et à la nature du combustible.

Comme on n'a pas encore trouvé le moyen de construire des foyers pouvant donner une température constamment égale, il en résulte que celle de la vapeur soumise au surchauffeur est constamment instable.

Ce défaut en pratique est capital, il entraîne avec lui la prompte destruction de l'appareil surchauffeur et rend impossible tout emploi industriel sérieux demandant une température régulière pour obtenir les produits voulus.

Il fallait donc trouver le moyen d'obtenir la stabilité thermométrique sans laquelle aucune industrie n'est possible et en même temps donner de la durée à l'appareil surchauffeur.

Pour cela il fallait deux choses : 1° avoir une surface de chauffe plus grande que la surface refroidie, de manière à être à l'abri des intermittences du foyer ; 2° avoir une masse métallique suffisante pour faire l'office de volant calorifique.

Par ces moyens la vapeur trouve toujours assez de calorique pour se mettre à la température voulue, et l'appareil en possède assez pour se suffire à lui-même sans foyer pendant un laps de temps assez prolongé, il n'a donc besoin que de recevoir, à titre de restitution du foyer, la chaleur que la vapeur lui a empruntée.

Le surchauffeur est donc composé d'une masse de fonte percée de trous longitudinaux dans lesquels circule la vapeur, et de trous verticaux dans lesquels passe la flamme du foyer, il est en outre chauffé directement par l'une de ses faces longitudinales et par contact sur ses deux faces latérales, les deux extrémités sont closes par des couvercles portant des tubulures destinées à l'entrée et à la sortie de la vapeur, ainsi qu'à faire les prises dont on peut avoir besoin.

D'après cette description succincte on s'aperçoit que l'instrument est simple, solide et offre peu de chances de destruction.

Néanmoins, malgré sa masse, il serait bientôt détruit s'il recevait de l'eau de condensation ou entraînée mécaniquement ; la vaporisation instantanée qui aurait lieu et par suite la quantité de calorique latent absorbée pour la transformation de l'eau en vapeur le détruirait promptement.

Cet inconvénient serait très-grave, surtout si on employait de la vapeur saturée qui contient toujours une certaine quantité d'eau entraînée mécaniquement.

Pour y parer il fallait enlever l'eau avant son entrée dans le surchauffeur : pour cela on emploie un instrument nommé purgeur automatique, fonctionnant seul.

Cet instrument est l'application d'un fait observé par M. Testud de Beauregard, à savoir que toutes les fois que la vapeur passe par des orifices capillaires, elle est condensée quelle que soit sa chaleur primitive. Partant de ce fait, on laisse entrer la vapeur dans le purgeur qui la dépouille de son eau entraînée, puis elle pénètre dans le surchauffeur, dont on connaît la température approximative au moyen de la couleur qu'il prend par l'action du feu. Des regards ménagés dans la maçonnerie permettent à chaque instant de constater cette température.

Si la vapeur est destinée à une machine, le surchauffeur peut être placé dans la maçonnerie du générateur, et profitant de la chaleur perdue, il n'occasionne aucune dépense de combustible et ne demande aucun soin particulier. Dans ce cas la vapeur au lieu de passer directement sous le piston au sortir de la chaudière, s'y rend après avoir passé dans le surchauffeur, sans nécessiter aucune attention de la part du chauffeur, dont le travail et les habitudes ne sont changées en quoique ce soit

Dans le cas d'emploi de la vapeur à un usage industriel, le surchauffeur est monté dans un fourneau à part. Il est de bonne économie de maintenir la vapeur à une haute température et d'obtenir en la maintenant toujours égale celle dont on peut avoir besoin dans l'opération par les variations d'ouverture des robinets distributeurs.

Lorsque la vapeur surchauffée doit agir à une grande distance du surchauffeur, il y aurait lieu de craindre un refroidissement notable, dans ce cas on place un deuxième appareil qui restitue la chaleur que la vapeur a perdue dans son parcours.

Cubilots générateurs de gaz.

Pour chauffer l'extérieur des cornues distillatoires, on se sert des gaz produits par la décomposition de la vapeur désaturée et surchauffée, projetée sur une masse de combustible incandescent.

Le combustible est contenu dans une enveloppe en tôle maçonnée à l'intérieur. Cette enveloppe peut être cylindrique, carrée, en un mot de toutes les formes ; ses dimensions sont calculées pour contenir le charbon nécessaire pendant un certain temps de travail.

Une porte placée en haut de l'enveloppe sert au chargement du combustible, une autre placée en bas sert à retirer les cendres. Deux tuyères ordinaires placées au bas de l'enveloppe reçoivent un tuyau placé à leur centre et terminé par un ajutage conique dont l'orifice de sortie est proportionnel à la quantité de gaz qu'on veut former.

La partie supérieure du cubilot est surmontée d'un réservoir portant autant de tubulures qu'on en a besoin pour faire les prises de gaz.

Pour mettre en marche, on commence par allumer le charbon introduit dans l'enveloppe, puis on y envoie la vapeur surchauffée. Cette vapeur en pénétrant dans le cubilot entraîne avec elle une quantité d'air proportionnelle à sa vitesse de sortie et fait ainsi l'office d'un puissant ventilateur. L'air introduit active la combustion et élève la température du charbon, la vapeur se décompose et donne de l'hydrogène plus ou moins carboné et de l'oxyde de carbone. Il sort donc par les conduites de gaz un mélange d'acide carbonique, d'hydrogène et d'oxyde de carbone, qui s'enflamme spontanément au contact d'une autre flamme.

Ces gaz viennent entourer chaque cornue et servent à les chauffer à la température voulue.

Sous chaque cornue se trouve un petit cubilot du même principe que les grands, mais dont les flammes ont très-peu de parcours; ils servent à enflammer les gaz venant des grands cubilots.

Si on arrête le jet de vapeur, la flamme cesse immédiatement, c'est donc un moyen simple et rapide d'avoir instantanément tout le calorique dont on peut avoir besoin.

Nous ne nous étendrons pas davantage, pour le moment, sur l'emploi de cet instrument; nous nous réservons d'y revenir plus tard et de montrer les immenses applications dont il est susceptible.

Cornues distillatoires.

Les cornues sont en forme d'U, elles sont en fonte ou en tôle de fer. Le chargement a lieu à la partie supérieure, et le déchargement à la partie inférieure par une tubulure ménagée à cet effet.

La vapeur s'introduit à la partie supérieure de l'une des branches, elle descend et remonte dans l'autre branche, entraînant avec elle les produits de la distillation. Nous en avons expliqué les effets, dans la première partie, nous n'y reviendrons donc pas.

Les wagons de chargement sont disposés pour charger 2 cornues à la fois, et ceux de déchargement doivent contenir la charge de 2 cornues.

LÉGENDE DU GÉNÉRATEUR ET DE SES ACCESSOIRES.

A *Pompe alimentaire*. Petite pompe aspirant l'eau pour la refouler par le tube A dans le cylindre B.

B *Pompe d'équation*. Cette pompe est un système de presse hydraulique ayant pour but de convertir l'eau que la pompe alimentaire envoie par pulsation en un jet régulier, à cet effet l'eau refoulée par la petite pompe fait monter le piston B qui, lui-même, en vertu de sa charge C réagit pour refouler cette eau par le tube D. Lorsque le piston est arrivé à une certaine hauteur un orifice H est en communication avec le tube I, afin que la trop grande quantité d'eau ne le fasse pas sortir. Une tubulure E est appelée à recevoir une vapeur perdue, telle qu'échappement ou autre, pour la transmettre de la capacité supérieure en F, d'où elle s'échappe après avoir cédé une partie de son calorique à une quantité de tubes en cuivre G qui traversent la masse de l'eau d'alimentation et qui, par conséquent, lui communiquent déjà un haut degré.

C *Générateur*. Chaudière verticale cylindrique, installée dans un fourneau de manière que l'action du feu ait lieu sur un fond très-épais pour faire entrer en fusion un bain d'étain O sur lequel flotte une seconde petite chaudière M nommée vaporisateur.

P *Agitateur*. Tringle recourbée dans le bain d'étain et permettant de reconnaître sa fusion.

Q *Pyromètre-sifflet*. Tube en fer dans lequel se meut une tringle dont l'extrémité inférieure est scellée dans un petit bain de plomb et l'extrémité supérieure articulée sur un levier chargé d'un contre-poids. Lorsque l'action du foyer devient trop vive et parvient à fondre le plomb contenu dans le fond du tube, la tringle se descelle et le levier entraîné par son contre-poids agit sur un sifflet avertisseur indiquant qu'on doit modérer le feu.

Production de vapeur instantanée à 300 degrés. Le tuyau d'alimentation L reçoit l'eau de la pompe d'équation par le tuyau D; entre ces deux tuyaux, un robinet gradué J, permet de voir et de régler la quantité d'eau que l'on veut faire passer par le tuyau L; cette eau tombant régulièrement sur le fond du vaporisateur M se transforme instantanément en vapeur, passe de la capacité du vaporisateur par les trous N pour se rendre dans celle de la chaudière C sur laquelle se trouve un assemblage de tubulures R qui permet de la distribuer.

K *Tuyau purgeur*. Ce tuyau met le fond du vaporisateur en communication avec l'extérieur du fourneau où un robinet permet de connaître la nature de la vapeur et de vider l'eau provenant d'une trop grande alimentation.

D *Purgeur automatique* se plaçant le plus près possible des appareils ou machines dans lesquelles on veut envoyer la vapeur; son but est de retenir l'eau provenant de la condensation de la vapeur dans les tuyaux.

Lorsque la vapeur doit être employée comme puissance calorifique on la fait passer dans un surchauffeur.

E *Surchauffeur*. Bloc de fonte disposé dans un foyer de manière que la flamme l'entoure et passe par les trous Z afin de transmettre son calorique dans tous les points de la masse. La vapeur arrive du générateur au surchauffeur par l'intermédiaire du purgeur D et des tuyaux U V, traverse ensuite une série de tubes X, longitudinalement réservés dans la masse de fonte toujours rouge, pour se rendre ensuite à l'autre extrémité où une tubulure Y permet de la distribuer.

W *Thermomètre* indiquant les variations de température du surchauffeur.

T *Manomètre.*

ENSEMBLE D'UN GROUPE DE CORNUES.

Légende explicative.

C générateur.
E surchauffeurs.
G cubilots pour produire les gaz chauffant les cornues.
D tuyaux distributeurs des gaz.
F souffleries à vapeur.
F' cornues.
G' sorties des vapeurs d'huile.
H entrées de la vapeur désaturée et surchauffée.
I couvercles de décharge des schistes distillés.
J petits cubilots placés sous les cornues, destinés à enflammer les gaz sortant des tuyaux D.
K souffleries à vapeur des petits cubilots.
L passage des wagons de déchargement.
M condenseurs des vapeurs d'huile et d'eau.
N tuyaux d'échappement des gaz incondensables.
O tuyaux d'écoulement des huiles condensées.
P bâche de réception des huiles.
Q tuyau de conduite des huiles à la grande bâche de réception.
R maçonnerie du fourneau des cornues.

TROISIÈME PARTIE

DEUXIÈME DISTILLATION

Les huiles brutes retirées directement des schistes sont destinées à subir diverses opérations pour être amenées à l'état commercial.

Telles qu'elles sont extraites, il serait difficile, sinon impossible, d'en tirer un parti avantageux.

La première opération qu'on fait sur elles consiste à les distiller de nouveau ; elle a pour but de les diviser en trois produits savoir :

1° des huiles dites à traiter à 845 ou 850 de densité ;

2° des huiles dites grasses ;

3° des goudrons.

Les huiles à 845 doivent donner l'huile d'éclairage dite légère et d'autres produits.

Les huiles grasses doivent donner de l'huile lourde d'éclairage et d'autres produits.

Les goudrons doivent donner des huiles vertes paraffinées et leurs produits dérivés.

De même que pour la distillation des schistes, il existe divers appareils employés à faire cette deuxième opération.

Il y a :

Les appareils ordinaires à feu nu ;

Les appareils à feu nu et à distillation continue ;

Les appareils à vapeur.

Les appareils ordinaires consistent en une ou plusieurs chaudières cylindriques, d'une contenance variable de 12 à 1600 litres, qui laissent un vide suffisant pour la dilatation de l'huile, elles ont ordinairement 1 mètre de diamètre et 3 mètres de longueur et sont munies de réfrigérants appropriés à la nature de leur travail.

Les foyers sont construits de différentes manières et les sorties des vapeurs affectent diverses dispositions.

Les chaudières ordinaires de tous les systèmes portent un trou d'homme destiné au nettoyage de l'intérieur après un certain temps de service, et placé sur la génératrice supérieure; à côté du trou d'homme, on met un tampon muni d'une griffe de retenue, ce tampon est mobile et on charge les chaudières en faisant passer l'huile par son siége. A la partie opposée au foyer et sur la génératrice inférieure du cylindre, il y a un tuyau coudé et incliné terminé par un robinet destiné à vider la chaudière quand l'opération est finie.

Au dessus de la grille on place une voûte en briques réfractaires destinée à protéger le dessous de la chaudière contre l'action directe du combustible ; au delà de l'autel la voûte cesse et le métal se trouve léché par la flamme qu'on fait circuler, à l'aide de carneaux, tout autour de la chaudière d'une manière presqu'analogue aux chaudières à vapeur.

La longueur de la voûte varie selon la nature des produits qu'on doit travailler ; avant de construire les foyers, il est utile d'être bien renseigné sur eux, afin d'approprier le foyer pour l'utilisation la plus complète possible du calorique et pour ne pas dénaturer les produits distillés.

La sortie des vapeurs qui doivent se rendre au réfrigérant se place ordinairement sur la génératrice supérieure de la chaudière et vers la partie opposée au foyer, on a soin de l'incliner immédiatement et de la faire la plus grande possible pour que les vapeurs ne fassent pas de pression dans la chaudière.

Dans quelques systèmes, au lieu de placer la sortie des vapeurs sur la génératrice supérieure, on la place sur le fond même de la chaudière, de manière à la rapprocher le plus possible du niveau de l'huile. Cette disposition nous paraît préférable à la première, mais pourtant, il ne faudrait pas trop la rapprocher du niveau de l'huile pour des causes que nous dirons plus loin.

Il faut avoir soin de protéger le dessus de la chaudière contre le refroidissement au contact de l'air par une matière peu conductrice, telle que le sable, les cendres, etc.

Le réfrigérant consiste en un tuyau en forme de serpentin dont les spires doivent être le plus inclinées possible, plongé dans une bâche à eau froide, renouvelée aussi souvent qu'il est nécessaire.

La sortie des produits se fait à l'extrémité inférieure du serpentin, d'où on les envoie dans des bâches de réception.

MARCHE DE LA DISTILLATION A FEU NU.

L'huile brute retirée du décanteur est envoyée dans la chaudière par un moyen quelconque, puis on chauffe lentement afin de faire dégager les vapeurs des essences sans les attaquer par un excès de chaleur. On continue à chauffer pour faire dégager les huiles les plus lourdes et enfin, on termine quand il ne reste dans la chaudière qu'une faible partie de la charge primitive, qu'on retire avant de la recharger à nouveau ; avant de vider la chaudière, il faut avoir soin d'éteindre le feu et de laisser refroidir les goudrons.

Cette opération paraît être des plus simples, elle exige pourtant beaucoup de soin de la part du chauffeur.

La première condition à remplir pour bien distiller, c'est de purger l'huile de toute l'eau qu'elle peut tenir en suspension, l'action de la chaleur sur l'huile a pour effet de la dilater considérablement, et, par conséquent, de la rendre plus légère ; la même chaleur appliquée à l'eau ne la dilate que très-peu et ne diminue guère sa densité, il s'établit donc par l'action de la chaleur une très-grande différence dans les densités des deux liquides, d'où il suit que l'eau doit tomber au fond de la chaudière quand la masse entière est chaude.

Si, à ce moment, on chauffait trop fort, l'eau se réduirait en vapeur et produirait un gonflement tel que l'huile monterait par le tuyau de sortie des vapeurs et s'échapperait complétement sans être distillée. Pour éviter ce départ d'huile il faut avoir soin de purger de temps en temps la chaudière en ouvrant le robinet d'évacuation des goudrons.

Quand on prend les soins nécessaires, il est assez rare que l'huile s'échappe en masse, mais enfin cela arrive encore fréquemment. C'est au chauffeur à veiller.

Lorsqu'on a vu sortir une certaine quantité de produits volatils on peut être certain que l'opération est en bonne voie et qu'elle arrivera à sa fin sans accident.

Les premiers produits sortant du réfrigérant sont des essences d'une densité de 740 à 760, puis à mesure que l'opération s'avance les huiles obtenues deviennent de plus en plus denses et de plus en plus colorées.

On reçoit tous les produits, depuis les essences jusqu'aux huiles lourdes, dans un seul récipient, seulement on a soin de vérifier de temps en temps la densité de la masse, quand elle donne un produit pesant de 840 à 850 on dirige le filet dans un autre récipient.

L'opération continuant, les huiles deviennent de plus en plus lourdes et de plus en plus colorées. Lorsque la densité de cette nouvelle masse atteint 900 environ, on arrête l'opération qui se trouve terminée, ce qui reste dans la chaudière est le troisième produit appelé goudron.

On a donc ainsi obtenu les produits déjà classés au commencement de cette partie. C'est ce qu'il fallait obtenir.

Nous avons dit plus haut que les huiles devenaient de

plus en plus colorées, au fur et à mesure de l'avancement de l'opération, et, en effet, au commencement de la distillation l'huile sort limpide et légèrement jaunâtre, puis elle passe du jaune au rouge vers la fin.

Si on pousse la distillation à fond dans une seule opération et qu'on reçoive les produits dans un flaçon en verre, on les voit se classer d'eux-mêmes par ordre de densité ; ainsi, on trouve des huiles légères colorées ne s'attachant pas au verre, c'est-à-dire qu'elles sont à peu près dépouillées des principes gras ; immédiatement au-dessous de cette huile on en trouve une qui s'attache au verre, mais qui reste liquide à 15 degrés de température et d'une couleur rougeâtre vue en masse ; au-dessous se place une huile de la même couleur, mais qui reste figée à 15 degrés ; et, enfin, vient une huile d'une belle couleur verte. Le reste est un goudron noir pâteux qu'on retire de la chaudière et qu'on met à part.

La proportion des quatre produits, décrits ci-dessus, obtenue pour 100 litres d'huile, est celle-ci ;

Huile limpide ne s'attachant pas au verre. . .	27,875
Huile s'attachant au verre et liquide à 15 degrés.	24, »
Huile s'attachant au verre solide à 15 degrés.	16,125
Huile verte	20,875
Total.	88,875
Goudron	9, »
Perte invisible.	2,125
Total.	100,000

Ces résultats ont été obtenus sur une huile brute ayant une densité de 890 à 15°. Toutes ne donnent pas les mêmes proportions.

Il ne serait pas pratique de pousser l'opération aussi loin dans une même chaudière, parce qu'il faudrait la nettoyer après chaque distillation, ce qui entraverait la marche de la fabrication. Il faut se contenter de faire la division de l'huile brute en trois classes, que pour faciliter l'intelligence des opérations futures et éviter la répétition fréquente des mêmes mots nous désignerons ainsi :

A huile à 845 dite à traiter ;

B huile dite grasse ;

C goudron.

DEUXIÈME DISTILLATION A FEU NU ET CONTINUE.

L'appareil dont il va être question est un des plus ingénieux qui se soient faits jusqu'à présent. Sa marche est d'une facilité remarquable, et l'emplacement qu'il occupe est très-restreint pour la quantité de travail qu'il produit.

Il se compose de trois parties, savoir :

1° Un réservoir supérieur d'alimentation ;

2° Une chaudière à distiller ;

3° Un réfrigérant.

DESCRIPTION DE L'APPAREIL.

Le réservoir d'alimentation est composé d'une chaudière cylindrique à fonds légèrement bombés, il porte à la partie supérieure un trou d'homme pour le nettoyage et un tuyau pour l'entrée de l'huile dans l'intérieur. A la partie inférieure, il y a un robinet de vidange, un robinet d'alimentation conduisant l'huile dans un petit récipient communiquant avec la chaudière à distiller, et un tuyau d'introduction de l'air dans la partie supérieure du réservoir.

Du petit récipient part un tuyau allant dans l'intérieur de la chaudière à distiller, à l'extrémité qui pénètre jusqu'au centre de la chaudière se trouve adapté un cylindre vertical en tôle plombée, ouvert aux deux extrémités et destiné à recevoir l'huile à distiller venant du récipient et à l'isoler pendant un moment de la masse contenue dans la chaudière, l'autre extrémité du tuyau aboutissant au récipient est munie d'un robinet qui sert à isoler les deux parties de l'appareil en cas de besoin et à régler l'entrée de l'huile.

La chaudière est de forme cylindrique, terminée par un cône dont l'extrémité inférieure reçoit un robinet, destiné à la vidange complète, un peu au-dessus de ce robinet, il y a une conduite munie d'un robinet, destinée à l'évacuation constante des produits non distillés mais dépouillés de leurs parties légères, et qui sont conduits dans une bâche, d'où on les reprend pour achever de les épuiser, mais dans une chaudière affectée spécialement à ce travail.

La partie supérieure de la chaudière est fermée par un fond plat sur lequel se trouve une grosse tubulure destinée à la sortie des vapeurs d'huile, et qui est prolongée par un tuyau incliné muni de tubulures plus ou moins rapprochées, dont le but est d'opérer la division des produits par ordre de densité.

La chaudière est verticale et le chauffage se fait par un foyer dont l'action se fait sentir sur la partie cylindrique, la partie conique sortant des maçonneries n'est pas chauffée.

Le réfrigérant est composé de serpentins adaptés à chaque tubulure de division des produits et plongés dans une bâche à eau froide.

Les sorties des huiles correspondent à des bâches qui reçoivent les produits de la distillation séparément et dans l'ordre de leurs densités.

MARCHE DE LA DISTILLATION CONTINUE.

Nous supposerons la chaudière pleine de liquide jusqu'au niveau qui doit rester constant.

On commence d'abord par remplir le réservoir d'alimentation de l'huile brute jusqu'à ce qu'elle sorte par le tuyau d'introduction de l'air, on est sûr alors qu'il est convenablement rempli, on ferme le robinet du tuyau d'introduction d'huile pour éviter l'entrée de l'air et le réservoir se trouve hermétiquement clos.

Le feu étant allumé chauffe le liquide contenu dans la chaudière et en opère la distillation, le niveau baisse et vient découvrir l'orifice inférieur du tube d'entrée d'air dans le réservoir ; à ce moment, l'air pénètre dans la partie supérieure du réservoir et fait couler l'huile dans le petit récipient par le tuyau d'alimentation dont on a ouvert le robinet. Le récipient se remplit d'huile et le tuyau d'air se trouve fermé par le liquide dont le niveau a monté de quelques centimètres, l'air ne pénétrant plus dans le réservoir, l'huile cesse de descendre jusqu'à ce que, par le fait de l'évaporation dans la chaudière, l'orifice du tuyau d'entrée d'air soit de nouveau découvert, alors l'huile recommence à couler du réservoir dans le petit récipient et vient de nouveau fermer l'orifice d'air qui arrête l'écoulement de l'huile, il en est ainsi jusqu'à ce que le réservoir soit complétement vide.

Pour avoir une idée plus nette du système d'alimentation à niveau constant, prenez une bouteille pleine de liquide, retournez-là de manière à ce que le goulot plonge dans un réservoir plein d'eau, il ne sortira rien de la bouteille, retirez de l'eau du réservoir, assez pour découvrir le goulot, la bouteille se videra jusqu'à ce que le niveau ait atteint l'orifice du goulot.

Le liquide contenu dans la chaudière est de l'huile à peu près complétement dépouillée des parties volatiles, c'est-à-dire que c'est du goudron plus ou moins concentré. Si on le laissait toujours dans l'intérieur, on pourrait chauffer aussi fortement qu'on le voudrait, la distillation serait très-lente et donnerait des produits lourds, le but de cet appareil serait donc manqué.

Pour distiller rapidement et aussi bien que possible, il faut faire sortir de la chaudière le goudron qu'elle contient lorsqu'il est tout à fait concentré. Pour cela, on laisse ouvert le robinet placé à la partie inférieure du cône, le goudron en sort et fait baisser le niveau de l'huile dans l'intérieur, ce qui permet à l'huile brute d'y pénétrer en grande quantité.

Plus l'ouverture d'évacuation des goudrons sera grande, et plus on distillera de l'huile ; mais aussi, moins elle sera dépouillée des produits qu'elle contient, on aurait alors des produits légers seulement ; si on resserre l'ouverture d'évacuation, les goudrons séjournant plus longtemps dans l'intérieur seront mieux distillés, mais les produits seront plus denses.

Il est donc facile, par ce moyen d'évacuation, de régler la densité des huiles distillées, puisqu'il suffit d'ouvrir ou de fermer un robinet.

L'extrémité du tube du récipient qui entre dans la chaudière, est terminée par un cylindre vertical ouvert aux deux bouts, ce cylindre est indispensable, et en voici la raison.

Quel que soit le mode de décantage employé, il est rare que l'huile ne contienne pas quelques gouttes d'eau, soit en suspension, soit introduite par un accident quelconque.

L'effet de l'eau sur l'huile en ébullition est de la faire gonfler d'une manière analogue à celle du lait, et de la faire monter dans la chaudière, au point qu'elle sort toute par les tuyaux des réfrigérants telle qu'on l'a introduite, c'est-à-dire, sans être distillée ; c'est cet effet que le cylindre empêche, ainsi que nous allons le montrer.

Si on a bien saisi la marche de l'opération, on a dû voir qu'il devait régner une certaine intermittence dans l'écoulement de l'huile du réservoir à la chaudière, c'est-à-dire, qu'il devait entrer dans cette dernière une quantité d'huile qui demandait un certain temps pour se distiller, et, en effet, quand l'entrée d'air se découvre, la pression atmosphérique s'établit dans la partie supérieure du réservoir, et l'huile s'écoule jusqu'à ce que l'air détendu, augmenté de la colonne d'huile, fasse équilibre à l'air extérieur ; à ce moment l'huile ne descend plus, mais l'orifice d'air a été bouché par une colonne d'huile d'une certaine hauteur qui ne permet un nouvel écoulement que lorsqu'elle est distillée.

Ceci bien compris, on voit que l'huile n'entre que lentement dans l'intérieur du cylindre, là elle s'échauffe au point de se distiller ; mais avant, l'eau qu'elle peut contenir se vaporisant à une température inférieure à celle de l'huile, elle s'échappe sans avoir pu se mêler à la masse, et, par conséquent, sans la faire gonfler.

Si ce cylindre n'existait pas, l'eau viendrait se mélanger avec l'huile chaude et produirait son effet, chose qu'il faut éviter à tout prix.

La distillation une fois établie, il s'agit de diviser les produits dans l'ordre indiqué pour les appareils à feu nu ordinaires, c'est-à-dire, d'obtenir les produits A, B, C.

On y parvient en établissant sur le tuyau de sortie des vapeurs, des tubulures à siphon, placées de distance en distance au-dessous de ce tuyau, et terminées par un serpentin placé dans une bâche à eau. Les vapeurs qui se condensent les premières, descendent le tuyau et entrent dans la première tubulure pour sortir par le serpentin. Ces premières huiles sont les plus lourdes. Celles qui ne se condensent pas avant la première tubulure, continuent leur chemin et se condensent un peu plus loin ; elles entrent dans la deuxième tubulure qui les évacue comme la première, mais l'huile est plus légère. La troisième tubulure agit de même, et donne des produits encore plus légers. Il en serait de même pour toutes les tubulures inférieures qu'on établirait ; il en résulte que la division des produits pourrait être faite en autant de manières qu'on le voudrait.

Généralement, on ne met que deux tubulures convenablement placées suivant la nature des huiles, la dernière pourrait donner des huiles trop légères pour être bien traitées par l'acide ; dans ce cas, on prend des produits sortis de la première tubulure, qui sont plus lourds, et on en ajoute la quantité voulue pour obtenir la densité nécessaire au traitement. De cette manière, on forme le produit A, dit huile à traiter.

Le produit B est formé de ce qui reste dans la bâche recevant l'huile de la première tubulure, et, enfin, le produit C est celui qui sort de la tubulure inférieure du cône de la chaudière.

La division se trouve donc ainsi complétement faite.

Voici les résultats d'un essai fait dans une chaudière de ce système, d'une contenance de 80 litres seulement.

Nous avons distillé 700 litres d'huile brute pesant 890 à 15 degrés en 12 heures de travail, avec une consommation de 75 kilogr. de charbon, compris allumage.

La quantité totale distillée dans cet essai, a été de 1543 litres, nous avons retiré :

	661	litres à traiter à 845	produit	A
	380	— grasse à 882	—	B
	468	— goudron	—	C
Total...	1509			
Perte...	34			
Total...	1543			

Il est à remarquer que toutes les fois qu'on distille, il se produit une perte qu'on ne peut pas empêcher. Ce sont des huiles qui se transforment en gaz invisibles, et incondensables. Jusqu'à présent, cette perte est commune à tous les systèmes.

L'appareil dont nous nous sommes servis était spécialement disposé pour le travail des produits lourds, et non pas pour ce que nous lui avons fait faire, il aurait fallu changer la position des tubulures inférieures de la sortie des huiles. Cela nous a été démontré par la distillation que nous avons faite des produits B et C qui se sont trouvés contenir encore des produits A, extraits des produits B, et des produits B extraits des produits C. Le résultat final a été le suivant :

	889 litres	A
	390 —	B
	230 —	C
Total...	1509	

Nous n'avons pas pu disposer l'appareil pour faire le travail définitif à la première passe, le temps et les pièces nécessaires nous ont manqués, mais nous sommes certains qu'on aurait pu le faire, et cela se fait, du reste, dans une usine qui est montée avec ce système.

Nous avons pu constater combien il est facile d'opérer avec cet appareil, car le réservoir d'alimentation étant chargé, la distillation s'opérait seule sans qu'on ait à veiller à ce qu'il n'arrive pas d'accidents, comme on est obligé de le faire avec les chaudières à feu nu.

C'est, en un mot, à notre avis, le meilleur appareil qui existe actuellement pour le travail des huiles.

DEUXIÈME DISTILLATION PAR LA VAPEUR SURCHAUFFÉE.

La méthode que nous allons décrire n'a pas encore été essayée par d'autres que par nous, les résultats qu'on obtient en petit, à l'aide de ce moyen, sont tellement remarquables, qu'il y a tout lieu d'espérer qu'on en fera l'application sur la plus grande échelle.

L'appareil dont nous nous sommes servi est disposé pour

marcher de trois manières différentes, afin de pouvoir comparer les résultats, il marche : 1° à feu nu seul ; 2° à feu nu et à distillation continue ; 3° à feu nu, à distillation continue et à vapeur.

Il se compose, comme appareil à feu nu, d'une petite cornue cylindrique placée verticalement sur un foyer, elle porte à la partie inférieure une tubulure d'évacuation des goudrons terminée par un robinet ; le couvercle porte une tubulure de sortie des vapeurs d'huile, qui les conduit dans un tuyau réfrigérant arrosé extérieurement par un filet d'eau, au lieu d'être plongé dans une bâche. Ce tuyau reçoit la plus grande partie des produits condensés, qui sont évacués au fur et à mesure qu'ils arrivent par un tuyau recourbé en siphon.

Comme tout ne se condense pas dans ce premier tuyau il est continué par un petit serpentin placé dans une bâche à eau qui achève la condensation.

On verse l'huile à distiller dans la cornue, à l'aide d'un robinet attenant à un réservoir.

La marche de la distillation est la même que celle déjà décrite pour les chaudières cylindriques horizontales ordinaires.

Comme appareil de distillation continue et à feu nu, il est composé de la même manière que ci-dessus, plus un serpentin vertical placé dans l'intérieur de la cornue et formé d'un tuyau en cuivre offrant la plus grande surface possible. Au-dessus de la première spire se trouve placée une gouttière qui reçoit directement l'huile brute et la répand sur la première spire, d'où elle descend sur la seconde; sur la troisième, et ainsi de suite, jusqu'à ce qu'elle arrive au fond de la chaudière.

La vapeur surchauffée circule à l'intérieur du serpentin, pendant que l'huile descend sur l'extérieur.

L'entrée de l'huile dans la gouttière se fait à l'aide du

réservoir d'alimentation placé un peu plus haut que la cornue, elle entre dans l'intérieur en vertu de la pression correspondante à sa hauteur dans le réservoir, on règle la quantité introduite à l'aide d'un robinet, et selon les densités qu'on veut obtenir.

Pour bien fonctionner, le réservoir doit avoir un appareil qui maintienne le niveau de l'huile toujours au même point. Cet appareil pourrait être de la même nature que celui qu'on emploie dans les filtres à noir animal des sucreries.

Dans cette chaudière, lorsqu'on veut distiller de l'huile brute, on commence par chauffer la cornue, puis on fait circuler de la vapeur surchauffée dans l'intérieur du serpentin, afin de le chauffer, et, enfin, on ouvre le robinet d'alimentation correspondant au réservoir d'huile.

Cela fait, l'huile arrive dans la gouttière d'où elle se répand sur le serpentin dont elle parcourt successivement toutes les spires en descendant, elle s'échauffe sur ce serpentin et commence à se distiller, l'eau se vaporise avant d'être arrivée au bas et par là le gonflement de l'huile est évité.

La partie non distillée arrive très-chaude dans le fond de la cornue où elle reçoit l'excès de chaleur nécessaire pour être vaporisée, puis, après un certain temps de marche, on ouvre le robinet d'évacuation des goudrons, et on les laisse écouler continuellement ; mais, en ayant soin d'en laisser toujours dans le fond de la chaudière, afin de la protéger contre l'action du feu, et pour avoir une certaine quantité de chaleur emmagasinée dans la masse restante. De cette manière la distillation marche régulièrement.

Les vapeurs arrivent dans le tuyau arrosé extérieurement avec de l'eau froide et s'y condensent en partie, le reste poursuit son chemin et arrive dans le serpentin réfrigérant où la condensation s'achève.

L'huile recueillie à l'extrémité du serpentin est le produit A ; celle qui est retirée du premier tuyau arrosé extérieurement est le produit B ; et, enfin, les goudrons C sont recueillis par le robinet d'évacuation.

La vapeur qui parcourt le serpentin intérieur de la chaudière ne s'y condense pas, elle perd seulement le calorique nécessaire pour la vaporisation de la faible quantité d'eau contenue dans l'huile, et pour la vaporisation de l'huile ; comme cette dernière demande peu de calories pour se mettre en vapeur, et que son point d'ébullition est supérieur à 100 degrés, on conçoit que la vapeur ne peut que se refroidir, sans arriver à l'état de condensation, car il en passe plus qu'il n'en faudrait.

Si on fait passer cette vapeur qui a servie, dans un surchauffeur, on peut l'employer de nouveau dans une autre chaudière sans avoir à dépenser du combustible pour sa formation, puisqu'il suffira de la réchauffer, et l'on sait que dans ce cas il faut très-peu de combustible.

Ainsi la même vapeur peut servir pour un nombre quelconque de chaudières de deuxième distillation.

Cet appareil ne dépouille pas mieux les goudrons que dans les autres systèmes, on est encore obligé de les repasser en distillation pour en retirer les huiles paraffinées qu'ils contiennent. Seulement l'opération peut-être aussi rapide que possible. Il se rapproche ainsi qu'on a pu le voir de l'appareil à distillation continue, sauf qu'il n'y a pas de moyens physiques employés pour maintenir le niveau constant de l'huile dans l'intérieur de la chaudière. En cela, il nous paraît inférieur à l'appareil continu.

Il nous reste à parler de l'appareil à feu nu, à distillation continue et à vapeur.

Il se compose entièrement de celui à distillation à feu nu et continue, qui vient d'être décrit plus haut ; il porte, en outre, un tuyau plongeant jusque près du fond de la chaudière et qui amène de la vapeur surchauffée pour la laisser se répandre dans la masse en distillation.

Ce simple tuyau change toutes les conditions de l'opération, qui ne ressemble en rien, ni dans sa marche, ni dans ses effets, à ce qui se fait ordinairement.

Pour être complet, cet appareil devrait se composer de deux chaudières au moins, dont l'une recevrait et distillerait l'huile brute comme dans l'appareil précédent, mais avec le barbotage en plus et la fermeture du robinet d'évacuation des goudrons en moins, et dont l'autre recevrait et achèverait le dépouillement des goudrons faits dans la première chaudière.

Ceci dit, voici comment l'opération a lieu :

L'huile, tombant sur le serpentin, s'échauffe et se vaporise en partie ; ce sont les huiles les plus légères qui commencent ainsi à se distiller, le reste tombe dans la chaudière et s'y amasse en certaine quantité. Quand on juge qu'il y en a suffisamment, on y introduit la vapeur surchauffée qui se répand par sa force expansive dans toute la masse et la dépouille de toute l'huile qui peut se vaporiser à la température de la vapeur, il reste alors des goudrons C.

Le niveau de ces goudrons venant à monter, ils passent par un tuyau-siphon dans la deuxième chaudière qui n'a pas de serpentin ; on envoie dans cette chaudière de la vapeur encore plus surchauffée que celle qui entre dans la première ; cette vapeur achève d'enlever toute l'huile que les goudrons ont conservée, et il reste un produit pâteux qu'on retire de temps en temps pour permettre l'introduction de nouveaux goudrons C.

Quand on fait toute l'opération dans une seule chaudière, voici ce qui se passe :

On met dans la chaudière la plus grande quantité d'huile brute qu'elle peut contenir ; puis, on chauffe à feu nu, aussitôt que la température de la masse a dépassé 100 degrés, on y envoie immédiatement de la vapeur. On juge que cette température est atteinte en voyant sortir les premières gouttes d'huile du réfrigérant. Si on envoyait de la vapeur d'eau avant qu'il y ait 100 degrés au moins dans la masse, il y aurait condensation de la vapeur, et, par suite, gonflement de l'huile, la distillation ne se ferait pas.

Cet accident nous est arrivé et nous a montré un fait très-curieux, c'est que l'huile chauffée à 100 degrés s'était classée dans l'intérieur de la chaudière par ordre de densité. Ainsi, l'huile mise en distillation, avait une densité de 890, et lorsqu'elle a été chassée de la chaudière, les premières sorties étaient à 830 et les dernières à 910. Cet échappement a été fait en moins de dix minutes, tandis que la vraie distillation dure deux heures; l'huile s'était donc divisée d'elle-même par le chauffage préalable en couches de différentes densités. Il est probable que ce fait se passe également dans les chaudières ordinaires, mais on n'en peut tirer aucun parti. Quand on a dépassé 100 degrés de température on peut, sans le moindre inconvénient, faire barboter la vapeur surchauffée dans la masse puisqu'il ne peut pas y avoir de condensation; seulement, il faut avoir soin de n'y envoyer que la quantité de vapeur nécessaire, ou mieux encore commencer par en envoyer moins qu'il n'en faut réellement, l'effet n'en est pas moins immédiat; la distillation est activée d'une manière surprenante, et on s'aperçoit très-bien quand il faut envoyer plus de vapeur par le ralentissement du filet d'huile distillée.

Quand ce ralentissement a lieu, il suffit d'ouvrir un peu plus le robinet de vapeur pour activer la distillation, le filet augmente et se maintient aussi longtemps que la vapeur a de l'action sur l'huile; après un nouveau ralentissement on ouvre encore le robinet de vapeur pour achever l'opération. Pour expliquer ces phénomènes, il faut savoir d'abord que la vapeur est portée à la température de 4 à 500 degrés avant son introduction dans la masse d'huile. On ne peut pas l'envoyer en cet état, car elle brûlerait les vapeurs d'huile et on ne ferait rien qui vaille. En rétrécissant l'ouverture du robinet d'introduction de la vapeur, on la fait se détendre à la sortie, et par conséquent, elle se refroidit ; comme la pression est maintenue constante, il s'écoule toujours par le robinet la même quantité de vapeur détendue, c'est-à-dire au même degré de température.

Quand les parties susceptibles de se vaporiser à la température de la vapeur détendue sont sorties de la chaudière, on pourrait continuer aussi longtemps qu'on le voudrait l'envoi de la vapeur, rien ne sortirait ; il faut donc augmenter la température pour distiller les produits qui ne sortent qu'à l'aide d'une température plus élevée. On augmente cette température en ouvrant un peu plus le robinet d'introduction, la détente étant moins grande dans le même temps, la vapeur entre plus chaude et agit de nouveau sur l'huile, qu'elle vaporise jusqu'à épuisement des produits volatilisables à cette nouvelle température. Enfin, on pousse l'opération aussi longtemps qu'il sort d'huile au filet.

Les goudrons sont, par ce procédé, mieux dépouillés de tous leurs principes volatils ; on ne brûle pas les huiles comme lorsqu'on opère à feu nu, et nous avons trouvé qu'on avait un rendement d'huile légère plus grand, et moins de goudron que par tous les autres procédés.

Il n'y a plus qu'une seule difficulté qui peut se résoudre au moyen d'un instrument convenable, c'est le classement des produits par ordre de densité.

Quand on commence la distillation par l'envoi de la vapeur dans la masse d'huile, il sort en même temps des produits légers et des produits lourds mêlés avec de l'eau, les huiles légères surnagent très-bien, on peut les séparer facilement. Il faudrait trouver un décanteur recevant tous les produits d'une opération et les séparant par ordre de densité. On peut en construire un remplissant cet office, et basé sur ce principe que, lorsqu'il serait plein, les huiles A sortiraient par le haut, les huiles B resteraient dans le décanteur. Quant aux produits C on les retirerait de la chaudière à goudron.

Les produits A et B sont obtenus en plus grande quantité qu'avec les autres modes d'opérer, et cela se comprend, puisque les produits C sont complètement dépouillés de leurs parties volatiles qui sont venues s'ajouter aux deux premiers.

Voici, du reste, un tableau d'expériences comparatives, faites dans le même instrument, sur les mêmes huiles brutes à feu nu d'abord, puis à distillation continue :

DÉSIGNATION.	A FEU nu.	A FEU NU et continue.
Densité de l'huile brute	870	870
Quantité distillée . . . . litres. .	20	31,910
Poids de l'huile . . . . kilog. .	17,400	27,761
Temps employé à distiller. . . . . heures.	2 1/2	2
Quantité distillée à l'heure. . . . . litres. .	8	15,955
Volume d'huile légère recueillie . . id. . .	9,700	16,500
Densité de l'huile légère.	810	820
Rendement pour cent en huile légère. . . .	48,500	51,707
Volume de goudron recueilli. . . . litres. .	10	15
Densité du goudron	920	935
Rendement pour cent en goudron.	50	47.007
Total du volume recueilli des deux produits . . . . litres. .	19,700	31,500
Perte en volume sur le tout . . . . id. . .	0,300	0,410
Perte pour cent	1,500	1,284

Ce tableau montre que, par la distillation continue, le travail se fait plus vite qu'à feu nu seulement, que les goudrons sont mieux concentrés, qu'on recueille plus d'huile légère et que la perte est moins grande.

TABLEAU d'expériences comparatives de deuxième distillation faite à feu nu, et à vapeur surchauffée sur les mêmes huiles.

DÉSIGNATION.	A FEU NU.	A VAPEUR surchauffée.
Densité de l'huile brute	881	881
Quantité distillée . . . . . litres.	4	4
Quantité retirée. . . . . . id. .	1,060 à 802	1,100 à 803
Id. . . . . id. .	0,920 à 868	0,870 à 870
Id. . . . . id. .	0,540 à 890	0,640 à 900
Id. . . . . id. .	0,460 à 900	1,110 à 910
Total. . . . id. .	3,080	3,720
Goudron retiré . . . . . . kilog.	0,910	0,225
Poids de l'huile distillée. . id. .	3,524	3,524
Poids de l'huile recueillie . id. .	2,573	3,205
Poids du tout recueilli. . . id. .	3,483	3,450
Rendement pour cent en huile . .	74 1/2	93
Durée de l'opération . . . heures.	4	1/2

Les derniers chiffres de ce tableau montrent suffisamment la différence qui existe entre les deux procédés de distillation.

Nous terminerons cette troisième partie qui traite des procédés employés pour séparer les huiles brutes en diverses catégories, et nous allons exposer les manipulations qu'on leur fait subir pour les rendre limpides et pour en retirer les différents produits que le commerce emploie.

QUATRIÈME PARTIE.

TRAITEMENT DES HUILES.

L'opération qu'on appelle traitement a pour but de séparer des huiles les parties impures qui les rendent impropres à la rectification.

Nous avons vu que, par la deuxième distillation, on divisait les huiles brutes en trois classes, savoir :

A huiles à traiter ;

B huiles grasses ;

C goudrons.

Quand on les a ainsi obtenues, on les considère comme étant encore à l'état brut, car il faut leur faire subir plusieurs manipulations pour les amener à l'état commercial et en séparer tous les produits qu'elles peuvent donner.

Les huiles A sont fortement colorées en brun.

Les huiles B sont colorées en rouge-noir.

Les goudrons C sont noirs.

Dans chaque usine de rectification il y a un bâtiment spécial appelé bâtiment des traitements, muni d'appareils destinés à faire subir aux huiles divisées les opérations nécessaires à la séparation des parties impures.

Ce bâtiment est divisé en trois étages, dont deux au-dessus du sol et un sous le sol ; l'étage supérieur est destiné au battage à l'acide, l'étage au-dessous est destiné aux différents lavages à l'eau de chaux et à l'eau ordinaire, et, enfin, l'étage inférieur est destiné à la réception des huiles venant des décanteurs et des chaudières de deuxième distillation.

Les appareils spéciaux contenus dans ce bâtiment sont

des agitateurs devant opérer le mélange intime de l'huile et de l'acide ainsi que les lavages à la chaux et à l'eau, et des pompes pour la manœuvres des huiles.

Les agitateurs sont composés d'une caisse rectangulaire ouverte à la partie supérieure et terminée par un fond demi-cylindrique à la partie inférieure, les faces latérales sont droites; à l'intérieur se trouve un arbre portant quatre palettes héliçoïdales percées de trous et régnant sur toute la longueur de l'arbre. Chacune de ces palettes est divisée en deux sur sa longueur, et l'hélice que chaque partie forme est d'un pas différent, c'est-à-dire qu'une moitié de palette est à droite et l'autre moitié à gauche, de manière à renvoyer le liquide agité, de la première moitié sur la seconde qui, à son tour, le renvoie sur la première; de cette façon le liquide se trouve bien remué.

Les trous dont sont percés les palettes ont pour but de diviser la masse d'huile en mouvement en un grand nombre de jets qui facilitent encore le mélange intime de l'huile et de l'acide. Au bas de la caisse se trouvent placés un robinet de vidange et un robinet de décantage.

Le mouvement est donné à l'arbre des palettes, soit à bras d'homme, soit mécaniquement. Ce dernier mode est préférable, à cause de l'économie qu'il procure et à cause des émanations d'acide sulfureux qui se produisent au bout d'un certain temps de battage et qui altèrent la santé des ouvriers; chaque agitateur exigeant deux hommes pour sa manœuvre, si on en emploie plusieurs, il faudra autant de fois deux hommes, tandis que mus mécaniquement, quel qu'en soit le nombre, il suffit d'un seul homme pour la surveillance et de deux autres pour les décantages et la manœuvre de l'acide. Il n'y a donc pas à hésiter sur la préférence à donner à ce dernier moyen.

Il existe d'autres systèmes d'agitateurs, le meilleur est ainsi composé :

On prend une caisse en bois doublée de plomb, soit ronde, soit carrée, d'une contenance de 500 à 1,000 litres et placée verticalement; à l'intérieur se trouve un piston ayant un jeu de 2 centimètres tout autour; ce piston peut être en bois seulement ou bien en bois doublé de plomb, sur toute sa surface on perce un grand nombre de trous d'un diamètre de 2 à 3 centimètres.

Le piston est mis en mouvement par une manivelle actionnée par une transmission. Quand il monte, l'huile qui est au-dessus est chassée en dessous par la pression atmosphérique et passe par les trous dont il est percé ainsi que par le jeu qui règne tout autour. Quand il descend il force l'huile à repasser en dessus par les mêmes passages, elle se trouve donc divisée en un grand nombre de jets alternativement en sens contraire.

Si, pendant le mouvement, on verse de l'acide sulfurique, il se trouve soumis à l'action des jets d'huile et se mêle avec cette dernière aussi bien que possible.

Quel que soit, du reste, le système d'agitateurs employé, il doit opérer le mélange intime de l'huile et de l'acide, malgré la différence de densité des deux matières.

L'acide sulfurique est le seul qui soit employé pour débarrasser l'huile de ses matières colorantes, il doit être à 66 degrés. Au-dessous il n'a pas d'action sur l'huile, au-dessus il est trop énergique et produit un grand déchet. On doit donc s'assurer très-exactement du degré de force de l'acide avant de l'employer.

Il est aussi absolument nécessaire que l'huile dans laquelle on doit verser l'acide soit complétement débarrassée de toute l'eau qu'elle contient, car il n'aurait qu'une faible action sur elle s'il s'en trouvait au fond des agitateurs. C'est pourquoi il faut veiller avec soin à ce que les bâches contenant les différents produits de la deuxième distillation soient à l'abri de la pluie, ou de toute autre cause qui pourrait y introduire de l'eau.

La quantité d'acide à employer est variable suivant la nature des huiles, il n'y a que l'expérience qui puisse indiquer la quantité dont on doit se servir. Elle peut varier de 5 à 10 0/0.

MARCHE DU TRAITEMENT DES PRODUITS A.

L'huile distillée à 845 de densité est envoyée dans les agitateurs en quantité connue ; on met les palettes en mouvement et on verse l'acide sulfurique qui se mélange avec l'huile. Quand il est jugé bien fait, on arrête la rotation des palettes et on laisse l'huile en repos pendant un certain temps.

Généralement on bat pendant 2 heures et on laisse reposer pendant un temps égal, l'opération dure donc 4 heures par agitateur. Au bout de ce temps l'acide s'est déposé au fond, entraînant les matières dont il s'est emparé. On les retire par le robinet du bas, destiné spécialement à cet usage, jusqu'à ce que l'huile arrive, ce qui se distingue par la couleur et par la différence de fluidité des deux matières.

On appelle ce qu'on retire par le robinet inférieur, goudron acide (nous le désignerons par la lettre D), il a l'aspect d'une boue visqueuse noire.

Jusqu'à présent on n'a rien fait de sérieux pour tirer parti de cette matière. Dans la plupart des usines on la brûle dans un fourneau à haute cheminée qui doit répandre au loin l'acide sulfureux qui se produit par l'effet de la combustion. On ne peut employer à aucun usage le calorique qu'elle donne, à cause de l'action destructive que l'acide sulfureux exerce sur les métaux.

Nous reviendrons plus tard sur le parti qu'on pourrait tirer de ce produit.

Le battage à l'acide occasionne un déchet composé de deux parties, l'une est le goudron acide D, l'autre est l'évaporation qui s'opère, tant par suite de l'élévation de température de la masse agitée, que par suite de l'action de l'air sur les surfaces d'huile qui lui sont présentées par les palettes en mouvement. Ce déchet est plus ou moins grand, selon que l'on emploie plus ou moins d'acide.

Il est des huiles sur la densité desquelles l'acide n'a que peu d'action, il en est d'autres sur lesquelles il agit d'une manière énergique pour la diminuer. Ainsi, nous avons vu diminuer la densité de l'huile battue, depuis 1 jusqu'à 9 degrés, et cela pour la même proportion d'acide employé; il est évident que les huiles qui donnaient des résultats si différents ne devaient pas être de la même nature.

Les huiles sur lesquelles l'acide ne change pas la densité sont mises en traitement à 835 ou 840, on peut facilement en retirer, par distillation, les huiles à 820, qui sont celles qu'on appelle huiles légères, et en même temps laisser assez de résidus dans la chaudière pour que le métal ne soit pas attaqué par le feu; mais si l'acide changeait la densité d'une manière notable et qu'on fît le traitement à 835, on aurait après le battage de l'huile à 826, ce qui serait mauvais, parce que à la rectification on ne laisserait pas assez de résidus dans la chaudière.

Il est donc nécessaire de connaître au juste l'action de l'acide sur la densité des huiles pour savoir à quel degré elles devront être amenées avant le battage pour être, après, convenablement préparées pour la rectification.

Une huile à 845, battue avec 6 0/0 d'acide, a donné 15 litres de goudron acide et 85 litres d'huile; or, 100 litres d'huile, plus 6 litres d'acide font 106 litres de liquide. Si on en retire 15 litres de goudron acide, il devrait rester

91 litres d'huile; on n'en a retiré que 85, la perte est donc de 6 litres. C'est celle qui s'est produite par l'évaporation.

Il arrive souvent qu'on est obligé de battre à l'acide en plusieurs fois, soit que l'opération ait d'abord été mal faite, soit que l'acide n'ait pas agi convenablement ou qu'il en faille plus pour produire l'effet désiré; dans ce dernier cas, la perte devient plus forte. Ainsi, la même huile que ci-dessus, traitée à 10 0/0 d'acide, en plusieurs fois, a donné les résultats suivants : 115 litres à 850, ont reçu 4 litres d'acide; après battage et repos on retire 8 litres de goudron, on verse de nouveau 2 litres d'acide, on retire 6 litres de goudron; enfin, on bat avec 2 autres litres d'acide et on retire 9 litres de goudron. Il a donc été versé dans l'agitateur 123 litres de liquide, huile et acide; on a retiré 23 litres de goudron, il devrait rester 100 litres d'huile; on n'en a retiré que 92 litres marquant 836, il manque donc 8 litres, perdus par l'évaporation. Cette opération s'est trouvée insuffisante, il a fallu battre une quatrième fois en employant un supplément d'acide qui en portait en définitive à 10 0/0 la proportion; on a retiré 5lit.,750 de goudron, puis 81lit.,500 d'huile propre au lavage.

Ainsi, 115 litres d'huile ont reçu 11lit.,500 d'acide, la totalité du liquide est donc 126,500. On retire 28,750 de goudron, il devrait rester 97,750 d'huile; comme il n'y en a que 83 500, la perte par l'évaporation a été de 14,250.

En appliquant les chiffres ci-dessus à 100 litres d'huile brute, on trouve que :

1° 100 litres donneront 25 litres de goudron D en employant 10 0/0 d'acide;

2° L'évaporation sera de 12,391;

3° L'huile restant sera 72,609.

L'opération faite comme il vient d'être dit donne de très-beaux produits, mais ils sont chèrement obtenus. Toutes les huiles ne donnent pas autant de déchets, il en est dont la perte est pour ainsi dire insignifiante. Il faut donc répéter les opérations en faisant varier les proportions d'acide, jusqu'à ce qu'on arrive à donner de beaux produits avec le moins de déchet possible.

Malgré le décantage qui enlève le goudron acide, il peut en rester en suspension dans l'huile ; si on rectifiait immédiatement après le battage à l'acide, il se produirait de l'acide sulfureux qui attaquerait les chaudières et altèrerait la qualité d'huile d'éclairage. Il faut donc neutraliser l'acide aussi complètement que possible, on y arrive en faisant des lavages répétés à l'eau de chaux ou bien à la soude, selon que l'une ou l'autre donne de meilleurs résultats.

Le goudron acide étant enlevé aussi bien que possible par décantage, on retire l'huile battue et on l'envoie dans un des agitateurs situés à l'étage inférieur, puis on y verse une quantité d'eau de chaux égale à celle de l'huile, et on bat de nouveau. La chaux a pour but de s'emparer de l'acide sulfurique qui pourrait être resté dans l'huile, elle forme un sulfate de chaux.

Généralement un seul lavage à l'eau de chaux suffit. Dans quelques cas, il faut laver deux fois.

On prépare l'eau de chaux dans un réservoir convenablement placé, pour n'avoir qu'à ouvrir des robinets qui l'amèneront dans les différents agitateurs.

Il ne faut pas battre trop longtemps l'huile avec l'eau de chaux, car, dans ce cas, il se produit une espèce de saponification qu'il est difficile de détruire et qui demande une certaine manipulation. Quand ce fait se produit, il faut chauffer le liquide saponifié et le laisser longtemps au repos, pour que la séparation de l'huile s'opère ; on encombre ainsi une partie des bâches qui pourraient être mieux employées. La pratique seule indique à quel moment il faut cesser le battage.

Quand l'opération a été bien faite, on laisse reposer le

liquide pendant quelque temps, puis on décante l'eau de chaux qu'on envoie dans un bassin spécial.

Il se produit encore une perte par le fait de ce nouveau battage, elle est d'environ 5 0/0; mais on en retrouve une partie dans le bassin où l'on envoie l'eau de chaux.

Enfin, pour terminer la préparation, on verse dans l'agitateur de l'eau ordinaire, la plus pure possible, et on bat de nouveau. Cette eau s'empare de la chaux qui pourrait encore rester dans l'huile et la rend enfin propre à être rectifiée. L'huile amenée à cet état est limpide et d'une teinte rougeâtre. A ce moment on a les produits suivants :

A' huile traitée ;

B huile grasse ;

C goudron ;

D goudron acide.

L'huile traitée A' est envoyée dans une chaudière semblable à celle de la deuxième distillation, où elle se redistille de nouveau. Cette dernière opération s'appelle rectification.

La rectification est plus délicate que la deuxième distillation, il faut chauffer lentement et graduellement, sans quoi on s'expose à redonner de la couleur et de l'odeur aux produits, et à faire arriver des accidents. Les secousses produites par l'ébullition de l'huile traitée sont plus fortes que celles de l'huile brute.

La distillation ne s'opère pas aussi longtemps que les secousses existent. Quand on n'entend plus rien, elle commence ; à ce moment le liquide ne bout plus quelle que soit la chaleur qu'on lui donne, et la vaporisation se fait sur la surface devenue tranquille.

Le premier filet qui sort du réfrigérant se trouve légèrement teinté et nébuleux, cela tient à ce que les premières huiles dissolvent celles qui sont restées dans les conduites de la fin de la rectification précédente ; mais elles ne tardent pas à se clarifier et à devenir d'une limpidité parfaite, semblable à celle de l'eau distillée; mais ayant en plus un reflet éclatant, elles se maintiennent ainsi jusqu'à ce que la densité ait augmenté d'une quantité qui varie pour chaque espèce d'huile.

Les premières huiles sortant du réfrigérant sont les plus légères, leur densité varie de 740 à 765, on les appelle essences jusqu'à la densité de 800. Passé ce degré, ce sont des huiles d'éclairage, la couleur commence à changer quand l'huile pèse de 800 à 820 grammes au filet, jusqu'à 845 elle se maintient au jaune paille clair, de 845 à 865 elle devient jaune. Ce sont ces derniers filets qui colorent la masse, et comme il est facile de les décolorer, on pourrait obtenir de l'huile presque incolore, si on ne reculait pas devant la dépense.

Les huiles pesant plus de 800 tachent les vêtements; les essences au-dessous de 800 enlèvent les taches faites par l'huile.

La densité des produits rectifiés va sans cesse en augmentant d'une manière régulière, jusqu'à un certain moment de l'opération, puis elle augmente brusquement d'une certaine quantité, pour continuer ensuite à croître régulièrement et d'une manière analogue à celle du commencement de l'opération. Ce changement brusque de densité a presque toujours lieu au même point. Ainsi, en rectifiant, par exemple, 25 litres d'huile A', si le premier litre est à 765, le deuxième est à 770, le troisième est à 775, et ainsi de suite chaque litre augmente donc de 5 grammes; mais du dixième au onzième litre, la densité augmente de 10 à 15 grammes, et le douzième litre n'aura que 5 grammes de plus que le onzième pour continuer ainsi jusqu'à la fin.

Si on a observé plusieurs fois à quel moment a lieu le plus grand changement de densité, on pourra savoir à chaque instant, par l'observation de celle du filet, combien il y a d'huile rectifiée sortie de la chaudière, et combien il en reste, sans se tromper sensiblement.

La rectification, ou, autrement dit, la troisième distillation, est poussée jusqu'au point où la masse sortie du réfrigérant atteint la densité commerciale de 820 grammes, elle comprend les essences et les huiles jusqu'à 865 environ. Cette espèce d'huile est celle qu'on nomme légère, nous l'appellerons A''.

On la conduit dans des bâches placées à l'intérieur d'un bâtiment appelé envaisselage, c'est là qu'on les met soit dans des bonbonnes en verre, soit dans des fûts, et on la livre au commerce.

Les huiles qui sortent après les huiles légères sont d'une densité variable, elle commence à 865, et elles sont poussées jusqu'à ne laisser dans la chaudière que la quantité du résidu strictement nécessaire pour ne pas la brûler et pour ne pas trop les charger de paraffine. On appelle cette huile dense brute, nous la nommerons E, et le résidu restant dans la chaudière sera nommé F.

Après cette opération, nous avons les produits suivants :

A'' huile légère pour l'éclairage (produit fini) ;
B huile grasse ;
C goudron ;
D goudron acide ;
E huile dense brute ;
F résidu de la rectification de l'huile légère.

Les huiles denses E sont de nouveau soumises au traitement à l'acide sulfurique et aux lavages à la chaux et à l'eau, puis envoyées en rectification, elles subissent donc, par le fait, deux traitements et quatre distillations. On retire de cette opération des huiles lourdes d'éclairage à la densité de 870, qui seront nommées G, puis, après les huiles G, des huiles blondes paraffinées, qui seront nommées H, et enfin des résidus nommés I. Le traitement donnera des goudrons acides J.

Après cette opération nous avons les produits suivants :

A″ huile légère ;
B huile grasse ;
C goudron ;
DJ goudrons acides ;
F résidu de la rectification des huiles légères ;
G huile lourde finie ;
H huile blonde paraffinée ;
I résidu de la rectification de l'huile dense.

Les produits A″ et G sont livrés au commerce dans l'état où ils sont recueillis. Voici maintenant ce qu'on fait des produits F, I.

Quand on en a une certaine quantité, on les envoie dans une chaudière affectée spécialement à leur rectification, et on en retire des huiles blondes paraffinées que nous nommerons L, et des goudrons, soit liquides, soit pâteux, selon qu'on poussera plus ou moins loin la distillation, nous les nommerons M. Après cette opération, tout ce qu'on peut retirer des huiles à traiter A est obtenu et on a en définitive :

A″ huile légère (produit fini) ;
G huile lourde (id.) ;
HL huiles blondes paraffinées (produits à travailler) ;
M goudron (produit fini) ;
DJ goudrons acides (produits à travailler).

TRAITEMENT DES PRODUITS B.

Les huiles grasses nommées B, provenant de la deuxième distillation des huiles brutes, sont chargées dans une chaudière ordinaire pour en séparer les divers produits. Par cette nouvelle opération on retire :

1° Des huiles propres à faire de l'huile lourde que nous nommerons N ;

2° Des huiles vertes paraffinées que nous nommerons O ;

3° Des goudrons que nous nommerons P.

Les produits N sont soumis aux traitements à l'acide et à l'eau de chaux, puis lavés à l'eau claire et envoyés après ces préparations dans une chaudière de rectification, on en retire des huiles lourdes d'éclairage qui seront nommées Q, des huiles blondes paraffinées qui seront nommées R, un résidu S qui subira les mêmes opérations et donnera les mêmes produits que les résidus F et I, avec lesquels on le mélangera, et enfin des goudrons acides T.

Les produits O et P seront travaillés avec les produits analogues H L et C.

A ce moment, les opérations qui se font dans les bâtiments des traitements, de deuxième distillation et de rectification sont terminés, et on a obtenu des produits A et B les résultats suivants :

A'' huile légère d'éclairage ;
G Q huiles lourdes d'éclairage ;
H L R huiles blondes paraffinées, plus celles tirées de S ;
O huile verte paraffinée ;
M goudrons, plus ceux tirés de S ;
D J T goudrons acides.

Il nous reste encore les produits C et P, ces deux derniers sont envoyés dans un bâtiment spécial appelé goudronnerie, où ils sont de nouveau distillés dans des chaudières semblables à celles de la deuxième distillation, seulement le chauffage est plus fort que pour les huiles brutes et demande plus de précautions, les secousses données aux chaudières par le goudron en ébullition sont plus violentes que celles données par les autres huiles ; elles ont besoin d'être nettoyées plus souvent et s'usent plus rapidement que celles de la deuxième distillation.

Cette opération donne des huiles vertes paraffinées U, et des goudrons liquides ou pâteux V.

La division des produits contenus dans les huiles brutes se trouve enfin effectuée, nous avons retiré :

A″ huile légère ;
G Q huiles lourdes ;
H L R huiles blondes paraffinées, plus celles tirées de S ;
O U huiles vertes paraffinées ;
M V goudrons liquides ou pâteux, plus ceux tirés de S ;
D J T goudrons acides.

Trois catégories des produits ci-dessus sont livrables au commerce dans l'état actuel, ce sont : A″, G Q, M V.

Il pourrait arriver que les produits M V ne trouvent pas un écoulement suffisant, ou qu'on trouve un avantage à tirer toute l'huile qu'ils contiennent encore. Dans ce dernier cas, il faudrait pousser leur distillation jusqu'au charbon sec, dans des appareils spécialement affectés à ce travail. Voici quelle serait la marche de l'opération.

Les goudrons M V, lorsqu'ils sont refroidis, sont pris en masse presque solide ; on les met dans un réservoir placé à une certaine hauteur au-dessus des chaudières de distillation, puis on les chauffe par un moyen quelconque, soit à feu nu, soit à vapeur, pour les rendre liquides ; en cet état, on les envoie dans des chaudières spéciales, dont voici succinctement la description.

Elles sont en fonte et de forme cylindrique, l'un des bouts est terminé par une calotte sphérique, l'autre bout est plat et se clot par un obturateur pressé à l'aide d'une vis.

La longueur de ces chaudières est de 2m,600, et leur diamètre de 0m,550 ; elles sont horizontales et complétement enveloppées par la maçonnerie ; le foyer se trouve placé sous la partie qui reçoit l'obturateur, l'autre extrémité de la chaudière porte un tube en forme d'S, dont l'une des extrémités pénètre dans la chaudière, et dont l'autre porte un entonnoir, recevant les goudrons venant du réservoir; l'alimentation continue et se règle au moyen d'un robinet. Une large tubulure destinée à la sortie des vapeurs d'huile, les conduit par un tuyau incliné dans un réfrigérant qui déverse les produits condensés dans des bâches.

Les réfrigérants portent des tubulures de dégagement des gaz incondensables, qui aboutissent à un gros tuyau collecteur, le plus long et le mieux refroidi possible, dans lequel achèvent de se condenser les vapeurs d'huile légère, qui s'échappent mélangées aux gaz incondensables; enfin, ces derniers sortent librement dans l'atmosphère.

La distillation se continue aussi longtemps que le réservoir alimente; on peut marcher dans ces conditions pendant une semaine, puis il faut enlever des chaudières le coke qui s'est formé. On peut brûler ce coke qui donne beaucoup de calorique.

On a retiré de cette opération: 1° des huiles légères sortant du tuyau collecteur que nous assimilerons aux produits A; 2° de l'huile paraffinée que nous assimilerons aux produits B, qui subiront les mêmes opérations et donneront des résultats analogues.

Telles seraient les opérations que les goudrons subiraient, si on voulait en tirer tout ce qu'ils contiennent.

Il nous reste encore trois produits à travailler, ce sont:

Les huiles blondes paraffinées H L R, que nous nommerons A B.

Les huiles vertes paraffinées O U, que nous nommerons A C.

Les goudrons acides D J T, que nous nommerons A D.

PARAFFINE.

Les huiles A B et A C contiennent toute la paraffine qui se trouve dans les schistes; avant de décrire les procédés d'extraction nous allons dire quelques mots de cette matière.

La paraffine, lorsqu'elle est isolée et purifiée, est une matière blanche et translucide qu'on pourrait appeler cire minérale. Elle se trouve dans les schistes, les bogheads, les lignites, les tourbes, les pétroles, certaines variétés de houilles peu nombreuses, telles que le cannel-coal, la houille de Newcastle et, enfin, dans les goudrons de certains bois distillés.

Le chlore, les acides et les basses alcalines n'exercent aucune action sur elle.

A l'état pur, sa composition élémentaire est représentée par $C^{48} H^{50}$, elle est solide à la température ordinaire et fusible à différents degrés compris entre 40 et 59° selon sa provenance.

On a remarqué que plus elle était obtenue à une température élevée par distillation et plus celle de sa fusion l'était aussi.

La paraffine de tourbe est fusible à + 49° 1/2.

La paraffine du pétrole est fusible à + 48°.

La paraffine du schiste d'Autun est fusible à + 49°.

La paraffine du boghead est fusible à + 42°.

La paraffine du bitume de la mer Caspienne est fusible à + 57°.

La densité varie entre 880 et 902.

Le principal emploi de la paraffine consiste dans la fabrication de bougies dont la lumière est bien supérieure à celle des bougies ordinaires, soit de cire, soit de stéarine, leur aspect se marie parfaitement avec le bronze des candélabres ; elles ne coulent pas aussi longtemps qu'elles ne sont pas remuées, mais si on les transporte un peu vivement lorsqu'elles sont allumées elles coulent beaucoup.

L'inconvénient principal de ces bougies est de se ramollir pendant les chaleurs de l'été, au point de se déformer, ce qui rend la combustion impossible, il faut avoir soin de les tenir constamment dans un endroit frais, une cave par exemple, sans quoi on trouve les bougies d'un même paquet collées ensemble et on ne peut pas les séparer sans les endommager.

Il faudrait trouver un moyen quelconque de les rendre insensibles à l'action des hautes températures, soit par un mélange d'autres matières, soit par un traitement nouveau. Jusqu'à ce que ce moyen soit trouvé on ne pourra s'en servir que pendant l'hiver.

Mélangée avec la stéarine on obtient des bougies plus belles et plus éclairantes, il en faut de 10 à 15 centièmes.

Mélangée avec la cire, on fait des allumettes bougies. Enfin, on s'en sert dans quelques apprêts des étoffes, dans la composition de plusieurs vernis et dans la préparation de certains papiers photographiques.

Extraction de la paraffine des schistes.

Les huiles blondes A B et les huiles vertes A C sont envoyées dans des bâches en tôle, où on les laisse en repos jusqu'à ce que toute la paraffine se soit cristallisée en écailles ; cette cristallisation ne peut se faire que sous l'influence d'une température comprise entre — 1 et + 10 degrés. Au dessous de — 1 degré, la masse se fige trop rapidement et ne cristallise pas ; au-dessus de + 10 degrés elle reste liquide.

La fabrication de ce produit ne peut donc avoir lieu que pendant l'hiver, et on doit emmagasiner les huiles paraffinées fabriquées pendant l'été, pour en retirer la paraffine au moyen du froid, à moins qu'on n'ait construit des bâtiments spéciaux dans lesquels la température sera toujours comprise entre les deux limites indiquées plus haut.

Il faut avoir soin de ne pas mélanger les huiles A B et A C, parce que la paraffine extraite des huiles A B est plus belle et a une plus grande valeur commerciale que celle tirée des huiles A C à cause du traitement à l'acide que la première a subi.

Quand la masse est complétement cristallisée on la fait égoutter, c'est-à-dire qu'on la débarrase des produits restés liquides et interposés entre les cristaux. Cet égouttage se fait en partie dans la bâche, en ouvrant un robinet placé au fond, puis on met la paraffine dans des corbeilles en osier ou dans des poches de laine qui laissent passer les liquides; puis on place dans des sacs ce qui reste dans les poches de laine; et on le soumet à l'action d'une presse hydraulique, qui achève d'expulser les liquides restant interposés entre les écailles de paraffine.

Ce qu'on retire des sacs pressés se trouve être la paraffine brute, elle est jaune-brun, dans cet état, elle a encore besoin de manipulations pour être blanchie et livrable au commerce.

Par ces opérations, nous avons retiré deux autres produits : 1° de la paraffine brute que nous appellerons X X', livrable aux usines du raffinage ; 2° des huiles d'égout que nous nommerons Y Y', les uns venant de A B, les autres de A C.

A ce moment, nous avons les produits suivants :

A'' huile légère ;
G Q huiles lourdes ;
X X' paraffines brutes ;
Y Y' huiles d'égout de paraffine ;
M V goudrons liquides ou pâteux ;
A D goudron acide.

Raffinage de la paraffine brute.

Le raffinage de la paraffine consiste dans une série de manipulations qui ont pour but de l'amener à ce bel état translucide qui lui est propre, il se fait de différentes manières ; le procédé qui donne les plus beaux produits est celui qui est employé dans l'usine de MM. Coignet et Maréchal, et dont voici la description sommaire.

Les tourteaux de paraffine brute sont refondus dans une chaudière à double fond, chauffée par la vapeur d'eau, le feu nu pouvant altérer la couleur des cristaux, il est préférable d'employer la vapeur.

Lorsqu'elle est en fusion, on l'envoie dans un agitateur également chauffé par la vapeur, où on la bat avec 5 à 6 0/0 d'acide sulfurique pendant deux heures environ, puis on laisse reposer et l'on retire le goudron acide qui s'est formé ; le reste est envoyé dans des cristallisoirs où il se prend en masse de 2 centimètres d'épaisseur et d'une largeur et hauteur égales à celles de la bâche de la presse hydraulique qui doit la comprimer.

Les plaques de paraffine traitées et cristallisées sont enveloppées d'une forte toile à voile avant d'être soumises à la presse dont l'action doit être graduellement de plus en plus énergique. Afin de faciliter la sortie des matières impures, les plaques creuses de la presse sont chauffées au moyen d'un courant d'eau tiède, dont la température est graduellement portée de 30 à 45 degrés, suivant l'action de la pression.

On retire après cette pression à chaud, les tourteaux de paraffine, on les refond en y ajoutant 20 0/0 de leur poids d'huile légère et parfaitement rectifiée, puis on les fait cristalliser de nouveau comme précédemment, et on soumet les plaques à l'action de la presse, qui chasse les parties non cristallisées. On répète ces opérations une ou deux fois, jusqu'à ce que la paraffine soit obtenue à la couleur blanche voulue par le commerce.

Enfin, il reste à enlever le peu d'huile légère qui reste encore interposée entre les cristaux de paraffine ; pour cela, on envoie un jet de vapeur dans la masse pendant deux ou trois heures, cette vapeur chasse l'huile par distillation, on arrête le jet lorsque l'odeur des vapeurs sortant de la cuve où se fait cette opération ne décèle plus la présence de l'huile. On laisse reposer et on décante la paraffine surnageant l'eau ; puis on la dessèche complétement en la chauffant à 140 degrés environ dans une cuve à double fond, chauffée par la vapeur, enfin, on filtre sur des cônes en toile garnis de feuilles de papier non collé.

La paraffine sortant des filtres est versée dans des auges en ferblanc où elle se prend en masses cristallines. Elle se trouve alors bonne à livrer au commerce.

Nous avons vu que la séparation de la paraffine d'avec les corps non paraffinés, avait donné des produits Y Y' qu'on recueille jusqu'à ce qu'on en ait une certaine quantité.

Ces produits sont chargés dans une ou plusieurs chaudières ordinaires et on les redistille.

Par cette opération, on les divise en trois classes :

1° En huile propre à faire de l'huile lourde qui sera traitée comme les précédentes ;

2° En huile blonde ou verte propre à faire des graisses ou du noir de fumée, et qui sera appelée Z ;

3° En goudron pâteux ou liquide qui sera traité comme les précédents.

Les produits Z servent, ainsi que nous venons de le dire, à fabriquer deux produits, des graisses et du noir de fumée.

GRAISSES.

Les graisses sont fabriquées en mélangeant au produit Z de l'huile forte de résine, ou de l'huile de palme, avec des plâtres, des albâtres, etc.

Ces graisses sont de différentes couleurs selon les proportions des matières mélangées et servent à enduire les engrenages, les roues des voitures, etc. etc. ; en un mot, les pièces mécaniques qui fatiguent le plus, elles ne conviennent pas pour les parties délicates des mécanismes, telles que tourillons, pivots, tiges des pistons, etc., etc.

NOIR DE FUMÉE.

Le noir de fumée s'obtient en faisant brûler, à l'air libre, dans des lampes spéciales, le produit Z.

Ces lampes sont alimentées par un tuyau commun, et les flammes sont surmontées de cheminées aboutissant à un seul tuyau collecteur, lequel pénètre dans un bâtiment clos de toute part. Une cheminée placée à l'extrémité du bâtiment opposée aux lampes, appelle la fumée et la fait déposer sur les parois des murs.

Le bâtiment est divisé en trois parties par des cloisons doubles en toile, les entrées de fumée dans les compartiments, sont tantôt en haut, tantôt en bas des cloisons, de manière à lui faire parcourir le plus de chemin possible.

Les murs sont revêtus de panneaux en toile, afin que la fumée puisse tomber facilement par un simple battage.

Chaque compartiment donne un noir différent, dont la qualité va en augmentant, à mesure que l'on se rapproche de la cheminée.

On retire environ 12 kilogr. de noir de fumée pour 100 d'huile brûlée. Ce résultat est suffisamment rémunérateur.

Il nous reste à parler des goudrons acides A D.

Toutes les usines sont fort embarrassées de ce produit dont on n'a rien pu tirer d'utile ; on en est réduit à le brûler dans des fours spéciaux, munis d'une haute cheminée, pour répandre le plus loin possible l'acide sulfureux, qui se produit en abondance par la combustion du goudron, ou bien on l'enfouit en terre dans des fosses perdues.

La quantité de goudron acide qu'on retire après le battage est, à peu près, le 10e de la masse entière mise en traitement. C'est donc un produit qui aurait une grande importance si on lui trouvait un débouché.

Pour retirer, autant que possible, l'huile entraînée par le goudron acide, on pourrait envoyer ce dernier dans un réservoir creusé dans le sol, puis on ferait passer dans ce réservoir toutes les eaux des traitements, tant celles qui seraient pures que celles qui contiendraient de la chaux ou de la soude. Il nous semble que, si l'on faisait ainsi, l'acide sulfurique s'emparerait de la chaux ou de la soude pour former un sulfate, et que l'huile se dégagerait et monterait à la surface du bassin, d'où on la retirerait de temps en temps. Le sulfate restant au fond du bassin pourrait, probablement, servir aux besoins de l'agriculture.

L'huile retirée du bassin serait reprise et soumise à la distillation, le produit qui en serait retiré serait mélangé au produit F, et subirait les mêmes traitements.

Une autre application des goudrons acides serait de servir à fabriquer du sulfate de fer ou du sulfate de cuivre.

Pour obtenir des sulfates de fer, on étend d'eau le goudron acide, puis on y plonge de la vieille ferraille qui donnera des cristaux de sulfate de fer.

Pour obtenir du sulfate de cuivre on concentre les goudrons acides, puis on les traite par le cuivre métallique qui se changera en sulfate de cuivre.

Enfin, il reste encore les boues ou crasses provenant du décantage des huiles brutes. Ces produits sont passés en distillation et donnent des huiles qui seront mélangées avec les huiles brutes pour être travaillées avec elles.

Toutes les manipulations ci-dessus décrites ont donné les produits marchands suivants :

1° Des huiles légères d'éclairage ;

2° Des huiles lourdes id.

3° Des huiles blondes paraffinées ;

4° Des huiles vertes paraffinées ;

5° De la paraffine brute ou raffinée ;

6° Des goudrons pâteux ou liquides ;

7° Des huiles propres à faire de la graisse ou du noir de fumée.

Nous regrettons de ne pas pouvoir donner les dessins des appareils que cette industrie emploie, nous n'avons pas eu le temps d'en compléter la collection, nous espérons pouvoir combler cette lacune, et, en même temps, nous terminerons ce petit travail par un exposé des diverses applications de l'huile de schiste.

LINIÈRE.

Saint-Nicolas, près Nancy. — Imp. de P. Trenel.

www.ingramcontent.com/pod-product-compliance
Ingram Content Group UK Ltd.
Pitfield, Milton Keynes, MK11 3LW, UK
UKHW022118260726
13993UKWH00003B/1095